数学西游

神秘的七巧板

心心向荣 / 著　姜敏 / 绘

中信出版集团 | 北京

图书在版编目（CIP）数据

数学西游 . 神秘的七巧板 / 心心向荣著；姜敏绘
. -- 北京：中信出版社，2022.6
ISBN 978-7-5217-3748-6

Ⅰ . ①数… Ⅱ . ①心… ②姜… Ⅲ . ①数学—儿童读
物 Ⅳ . ① O1-49

中国版本图书馆 CIP 数据核字（2021）第 225498 号

数学西游·神秘的七巧板

著　　者：心心向荣
绘　　者：姜敏
出版发行：中信出版集团股份有限公司
　　　　　（北京市朝阳区惠新东街甲4号富盛大厦2座　邮编　100029）
承 印 者：北京中科印刷有限公司

开　　本：889mm×1194mm　1/16　　　印　　张：10　　　字　　数：180千字
版　　次：2022年6月第1版　　　　　　印　　次：2022年6月第1次印刷
书　　号：ISBN 978-7-5217-3748-6
定　　价：34.00元

出　　品：中信儿童书店
图书策划：好奇岛
策划制作：前阅文化
策划编辑：鲍芳　王怡　杜雪
责任编辑：鲍芳
营销编辑：中信童书营销中心
封面设计：姜婷
封面绘制：庞旺财
内文排版：黄芮雯

前情提要

　　上一册讲到唐僧师徒四人初入数学世界，去了数字前村、数字后村、四体村和二十村，结交了很多朋友。三个徒弟学会了三个基本功（拆数功、凑10功、加1功）和分步做题法，他们虽然没有神通，却依靠智慧和勇气，成功完成各项挑战。现在，他们到了几何国的五形村，会有什么奇遇呢？

目　录

一、物体中的图形

　　唐僧师徒四人顺利通过二十村的关卡，又有了钱和手表，他们的兴致就更高，走得也更快了。没多久，他们就到了几何国的五形村。

　　村民们都是黑头发、黑眼睛、黄皮肤，师徒四人感到很亲切。村民们穿的是现代服装，但每人衣服胸部的位置都画着一个图形。三个徒弟仔细观察一番后，发现这些图形共有五种。唐僧说是长方形、正方形、平行四边形、三角形和圆。

　　八戒对这些图形很感兴趣，他看了好半天，说："我发现这几个里边最特殊的是圆，因为它没有角！"

　　悟空说："因为没有角，所以球能滚动，倒下的

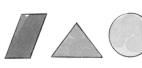

1

圆柱也能滚动！"

这句话又勾起了八戒的恐怖回忆，他想起那要命的圆柱，后脚跟也隐隐作痛起来，于是赶紧说："算了，不提这事儿了！"

大家都笑了："是你先说的呀！"

唐僧说："不想说这事儿，就换个话题，你们来说说哪些物品是这五种形状的？谁说不出来就算输！"

悟空反应最快："哪吒的风火轮是圆的！"

沙僧接着说："太上老君的密码箱，还有他给的钱，都是长方形的。"

八戒想了想："沙师弟的本子是长方形的！"

又轮到悟空了，他想到一个经常路过的地方："南天门，那个大门也是长方形的，还很多呢！"

沙僧也想起来好多："我看过太上老君下棋，那棋叫什么来着……对了，围棋！棋盘是正方形的，每个格子也是正方形的，但棋子是圆的。"

轮到八戒了，他看看悟空，又看看沙僧，突然有了灵感："人的眼睛里就有圆……就是……眼珠！

对，眼珠是圆的。"

又轮到悟空了，他想到了唐僧的自行车："自行车的车轮是圆的，车架是三角形的！"他一口气说了两种形状，就是不想让别人再说自行车了。

沙僧早就准备好了："咱们的手表表盘，还有师父的怀表，都是圆的！对了对了，表带，那个表带是长方形的！"他一口气说了这么多，也是不想让别人再说手表了。

轮到八戒了，八戒想了好久，才慢慢地说："大师兄的金箍棒里有圆形，还有长方形！"

悟空和沙僧有些糊涂了："有圆形没错，可长方形在哪儿呢？不对！"

八戒："有！"

悟空："没有！"

两人就这么你一句、我一句地吵了起来。最后唐僧说："金箍棒里的确有长方形。"

"怎么可能！"悟空摸着金箍棒说，"这是个圆柱，只有圆形啊！"

八戒在旁边哈哈笑："师父说对那就是对，你就认输吧！"

唐僧想："怎样才能让悟空明白呢？"此时正是中午时分，太阳光从正上方射下来，唐僧说："悟空，

你伸出胳膊，然后横着拿金箍棒。"

悟空按照唐僧说的做了。

唐僧又说："看它的影子！"

大家向地上看，嘿，金箍棒的影子还真是长方形的，只是这个长方形有些特殊，它很长，又很扁！

悟空说："影子怎么能算？"

唐僧说："如果从侧面看金箍棒，它整个的形状，就是一个长方形，不但金箍棒是这样，所有又细又长的圆柱都是这样。"

悟空这才明白，原来说的是从侧面看的整个形状啊！他不服气："那是从外面看，我说的是里面，圆柱里就是没有长方形！"

悟空这么说，沙僧也觉得有道理：我也没看到圆柱里有长方形！于是他俩一齐看着唐僧，眼神里充满了疑惑，唐僧笑了："圆柱里可以有无数个长方形，不过别急，咱们先找个吃饭的地方，看我给你们变出来！"

悟空说："看你怎么变出来，数学世界里可没有神通！"

八戒说:"师父说得永远对,谁都不许顶嘴!要不然,还让你拿大顶!"

　　唐僧说:"哎,八戒,不要这样,为师从来都是——以理服人!"

二、萝卜的形状

师徒四人找了个小饭馆，点了饭菜，等着饭菜上桌时，唐僧向伙计要了一个大萝卜，这萝卜又圆又长，稍微削一下，就成了上下差不多粗的圆柱。

唐僧把萝卜立在桌子上，指着它说："现在它和金箍棒一样，也是圆柱。如果我把它横着切，切出的薄片是什么形状的？"

三个徒弟一起回答："当然是圆形的！"这问题太简单了。

唐僧："这就是说圆柱里有圆形，对吧？"

三个徒弟都点头同意。悟空却一直盯着萝卜，因为他不相信圆柱里会有长方形。

唐僧又拿出刀，把萝卜切成了三段，说："这是三个圆柱，现在我要把它们用不同的方法切开，你们可看好了！"

说着，唐僧拿起一段萝卜，竖着从中间切开，萝卜一分为二，露出中间的切面。唐僧拿起一半，面对着悟空说："请看这个面，它是不是长方形的？"

三个徒弟都点点头，表示同意。

唐僧又拿起一段萝卜，还是竖着切，一刀接一刀，切出很多薄片，唐僧问："这些片是什么形状的？"

沙僧拿起一片说："长方形的！"

悟空却看了又看，然后说："师父，它们的大小可不一样……"

唐僧说："别管大小，你就回答我，它们是不是长方形的？"

"是……"八戒和沙僧没有异议，悟空却努嘴、瞪眼又皱眉，他虽然同意，却很勉强。

唐僧再拿起一段萝卜，先竖着从中间切开，之后继续竖着把萝卜切半，再切半，切到足够薄的时候，唐僧拿起一片问："这片是不是长方形的？"

数学西游

三个徒弟一看，这片萝卜虽然一边厚一边薄，可还是长方形的。他们只好表示同意。沙僧从包里拿出本子，记下了这几种切法。

"圆柱里不但有长方形，用长方形还能做出圆柱！"唐僧说着，拿过沙僧的本子，撕下一张纸。

"这张纸是长方形的。"没等三个徒弟表态，唐僧就把那纸卷成一个筒，套在最后一段萝卜上，"现在，它是个圆柱了！"

悟空终于服气了，爽快地说："你说得对，圆柱里有无数个长方形，就看怎么切它了！"

八戒立刻说："怎么样，我说得对吧，师父说得永远对！"

唐僧说："那也不一定，你别光想着拍马屁，好好想想我说的话。其实，我要强调的重点是物体和图形的关系很密切！"

可沙僧还是有问题："师父，为什么要知道物体和图形的关系呢？"

八戒也说："是呀，咱们到五形村只要体验五种图形，不就好了吗？"

唐僧说："在数学世界，如果遇到新知识，你一定要把它和你学过的知识，还有生活中的事物联系起来，这叫八方联系法，是学数学的秘诀。徒儿们，千万记住了！"

悟空也有问题："为什么数学世界要研究图形？直接研究物体不行吗？"

"学习和研究数学，都要从最简单的开始，一步一步来才好。我问你，物体与图形，哪个更简单呢？"唐僧略做停顿后，接着说，"当然是图形了！图形容易画出来，也容易看明白，所以人们从研究图形开始，经过多年努力，建立了几何王国。"

"哦，原来如此！"悟空和沙僧恍然大悟，到现在，他俩才真正明白师父的用意。唐僧切萝卜，其实是为了教他们怎样研究一件事，怎样学好数学：一要八方联系，二要从简单的开始。

这时，伙计把饭菜端上桌来，八戒急了："赶紧吃饭吧，我可饿坏了！"

悟空嘿嘿笑道："你拍马屁累的吧？"

"饭要吃，数学要学……"唐僧边说边拿起一块萝卜，咬了一大口，"这马屁嘛，也可以拍一拍！"

沙僧说："噢！老天，师父吃了萝卜，屁会更多，二师兄，你辛苦了！"

三、当村长的理由

师徒四人吃完饭，找个旅馆安顿好后，就去找五形村村长，因为需要村长在地图上盖章。

可是，当他们走进村长办公室时，却发现村长坐在桌前，紧盯着桌面，一言不发，眉头紧皱。他对面坐着一个人，也是同样的神态。

师徒四人就安静地站在旁边，看起了热闹。只见桌上有七块纸板，这些纸板拼成了一个图形，二人轮流移动其中一块，图形就会变化。看来，他们是在玩一种游戏。

过了好一会儿，二人才结束游戏。村长问明师徒四人的来意，爽快地拿出印章盖在地图上。

悟空忍不住问："村长，你们刚才玩的是什么呀？"

村长有些惊讶："这是七巧板游戏，我们这儿的人都爱玩！用七巧板拼出的图形就叫七巧图，怎么，你们竟然不知道？"

三个徒弟听到游戏二字，立刻兴奋起来："怎么玩儿？教教我们吧！"

村长想了想："你们刚来，还没打好基础，连七巧板都不知道，还是先到体验馆去体验一下吧！"

这时八戒注意到村长胸前的图形是个长方形，就问："您是长方形？"

村长点点头："当然了！五形村的村长从来都由长方形担任。"

三个徒弟都很好奇："村里有五种图形，为什么偏偏是长方形呢？"

"有两个原因：第一，人类最先熟悉的是长方形，也就是说，长方形的资格最老；第二，长方形的朋友最多，人脉最广。所以，村民们在选举时，都会选长方形做村长。"

这个村长说话很有条理，可悟空脑中的问题更多了："为什么人类最先熟悉的是长方形？快说说！"

"相传，人类为测量土地而创建了几何学，而

那时最容易计算面积的地，就是长方形的，所以呀，人类最熟悉长方形。"村长耐心地解释。

"那长方形的朋友最多呢，又是为什么？"悟空接着问。

"这话是有事实根据的。你们看，如果长方形的每个边都相等，就是正方形。"村长拿出纸和笔，边画边说，"如果把长方形沿对角线剪开，就成了两个三角形。如果把长方形剪掉一个角，放到另一边，就成了平行四边形。"

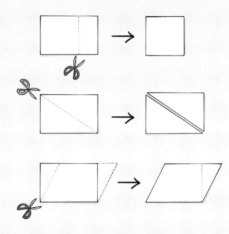

三个徒弟怎么也没想到，长方形与这几种图形之间，竟然能互相变换！可这时，他们又产生了一个疑问："长方形和圆有什么关系呢？"

村长看出了三人的心思："如果把一个圆剪开，也能拼成长方形！"

三个徒弟的下巴都快被惊掉了，他们瞪大双眼，嘴巴张得老大："圆还能拼成长方形……这怎么可能？！"

村长斜眼看看三人："怎么不可能？我画出来，你们一看就明白了！你们也可以回家自己拿张纸剪

一剪，拼一拼，试
一试！"

三个徒弟看到

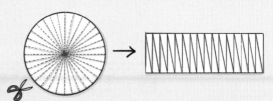

村长画的图后，眼
睛瞪得更大了，嘴巴也张得更大了，半天才回过神来，
点头称赞："好神奇呀！"

村长淡淡一笑："因为我们会变换，所以，只要
知道了怎样求长方形的面积，也就知道了怎样求三
角形的面积、平行四边形的面积，还有圆的面积！
可以说，长方形是人类通往其他图形的道路——你
们说长方形不做村长，谁做村长？"

此时，三个徒弟已经心服口服，可悟空又有了
新问题："面积？面积是什么？"

"以后你们自然会学，我现在就不多讲了。快去
体验馆吧！"村长说完，又玩起了七巧板游戏。

师徒四人刚走出村长办公室，身后传来一个声
音："等等！"只见村长拿着几张纸还有一摞纸板跑
出来，"这是七巧板的图纸，你们可以用纸板做出七
巧板，慢慢玩！"

八戒问："体验馆里没有七巧板吗？"

长方形村长得意地说："这你就不知道了吧，自
己做的才好玩呢！"

四、玩疯的七巧板（上）

师徒四人从村长办公室出来后，就直接去了体验馆，一分钟都没耽误。

他们走进体验馆的大门，就进入了一个长长的、有很多弯儿的走廊，走廊的墙上挂满了七巧图，都是用七巧板拼出来的。最让人叫绝的是，这里竟有《水浒传》一百单八将的七巧图，每个人物都用七巧板拼出，活灵活现，简直神了！

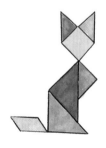

他们走到大厅门口，看到一幅字，仔细看，是一首诗：

七巧板，真好玩，姑娘小子都喜欢。

正方形、三角形，七块小板拼

图案。

　　摆只鸡，摆条鱼，摆小桥，摆帆船。

　　随心所欲翻花样，动手动脑乐无边。

　　大厅中有四张大圆桌，桌面上都放着七巧板，每个人都可以到自己喜欢的桌上玩。但每张桌的规则不一样。工作人员介绍道：

　　第一张桌是自由拼，就是按自己的想法，用七巧板拼出一幅图。拼的时候没有规则限制，怎么拼都可以，但拼好后，要结合拼图，给大家讲一个故事。

　　第二张桌是比速度，就是几个人照着给出的七巧图，用七巧板把图拼出来，看谁的速度快。

　　工作人员刚介绍完第二桌的玩法，八戒就等不及了，连忙跑到第一张桌边坐下。因为他喜欢听故事、讲故事，还不想照着图纸拼，他就喜欢自由自在。

　　看到八戒在行动，悟空也拉着沙僧走到第二张桌旁。因为他喜欢比速度，速度能让他快乐。

　　唐僧只好坐在八戒身边——一个人玩没意思。再说了，八戒要讲故事，也得有人听啊！

　　先说悟空和沙僧，他俩拿起桌上的一本图册。翻开第一页，上面有一个正方形，二人很快就拼了出来。再翻到第二页，是一个大三角形，他们也很快拼了出来。

悟空很开心，想再快一点儿，就一下翻到图册中间，这页上画着一只小狗，于是二人开始拼。

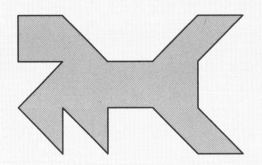

可是，看似容易的事情，悟空却花了10多分钟才把它拼好！沙僧更慢，又过了几分钟才拼出来。

悟空想了一会儿，觉得还是要一步一步来。于是又把图册翻回第三页，一页一页地拼，逐渐提高难度。这样，二人进展得很顺利，玩得也开心。

再说八戒和唐僧。一开始，八戒觉得很轻松。可过了一会儿，就觉得没意思了，因为没有难度，这和在仙界生活是同样的道理：没有目标，就没有实现目标带来的快乐。于是八戒和师父走到第三张桌边。

第三张桌是比步数：玩家先商量好开始的七巧图和最终的七巧图，比如开始是正方形，最终是三角形，然后玩家移动正方形中的板块，把它变成三角形，就算完成任务。移动步数最少的人赢得比赛。

八戒没练习过拼图，也不知道拼图的基本方法，每移动一步都要想很久。唐僧实在受不了了，就说："依我看，你还是从简单的开始吧！"

　　这样，四人都坐在第二张桌上，比谁拼图的速度快。八戒从头开始，却如有神助，不一会儿就掌握了基本方法，速度和另外三人差不多了。于是，师徒四人开始了大战，简直玩疯了！直到天黑了，体验馆闭馆时，才依依不舍地离开。

　　在回旅馆的路上，三个徒弟都想着在村里再住一天，好玩第三张和第四张桌的游戏。

　　唐僧说："再玩儿一天？那得先做一件事。你们玩儿了这么久，有什么心得？今晚想好了，明早讲出来，讲得明白，我就同意。要不然，哼哼……"

　　三人愣了一下：玩就是玩，还要什么心得，还得讲明白？奇怪！

　　唐僧说："如果不能说出心得，进步会很慢，想成数学大神，那就更慢了……"

　　三个徒弟明白了："好吧，明早见！"

五、玩疯的七巧板（下）

第二天，吃过早饭后，三个徒弟开始说心得。

悟空想到那张小狗图，就说："学东西要从易到难，才能学得快。"

八戒说："自由拼图开始还好，可没有规则，也不好玩儿！"

沙僧说："我发现算术和几何还真不一样，算术只要学会了规则，去计算就行，可几何的变化太多了，感觉有点儿难哪！"

八戒却不同意："挺容易的呀，我一点儿都不觉得难！"

唐僧说："看来，八戒擅长几何，沙僧擅长算术，你俩各有所长！如果你俩能互相学习，取长补短，就会更全面，也更棒了！"

悟空立刻急了："师父，还有我呢！"

唐僧说："你算术和几何都不错，但更大的优点是善于联系实际，所以能解决问题！咱们还是回到主题吧。关于拼七巧板，你们发现了什么诀窍？"

悟空想了想："一个图中，最好先确定两个大三角形的位置，其余的就好办了！"说着，他画出了那只小狗的图，拼这个图他花的时间最长，得到的启发也最多。

沙僧想了想："我发现，有些板块有一样长的边，有些板块的边正好与另两个板块的边合起来一样长。可是有些边，无论怎么拼，就是不一样长！"

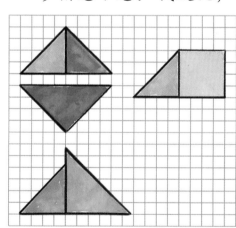

八戒想了想："七巧板的板块，要么是三角形要么是由三角形构成的，所以我看到七巧图时，眼睛里就是一堆小三角形，这样，拼图就快了很多！"

唐僧不住地点头：三人还真没白玩儿！于是拿

出一张图来。"八戒说得很对，七巧板里的板块，都能分解成这样的三角形！你们先盯着它看，看半个小时，咱们就去体验馆，我先出去逛逛。"

三个徒弟一起撇嘴："啊！要看半个小时？好没劲！"

唐僧都走到门口了，又回过头来说："看了不白看，一会儿就知道！"说完心中暗想：八戒拼图学得好快，还能看出小三角形，难道……这就是传说中的天赋吗？回头我问问他！

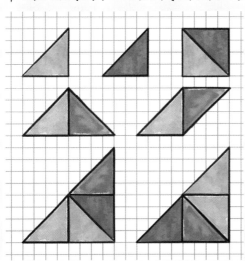

半小时后，师徒四人又到了体验馆，直接到了第三张桌上开战。现在，悟空和沙僧的感觉不一样了。他们看到一张七巧图，就能看到这图中的小三角形，拼起来容易多了！八戒也有同样的感觉，于是三人同时面向唐僧，竖起了大拇指。

在第三桌大战一番后，三人又到了第四桌。这张桌的规则是比边数：先用七巧板拼出一张图，之后两个玩家轮流移动板块，一次移动一块，移动后得出来的新图的边数要比原来的边数少，谁无法减少边数，就算输；也可以反过来，新图要比原来的边数多，谁无法增加边数，就算输。当然，玩家不能移动对方上次刚刚动过的板块。

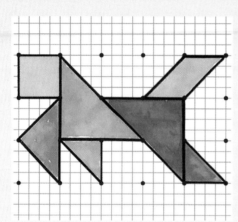

这个玩法，就是昨天村长玩的，也是大厅里最难的，因为它对板块的摆放有严格的要求：每个板块之间的边要重合，板块的交点也要在方格的交点上。这种拼法叫正规拼，拼出的图叫正规七巧图。

三个徒弟因为刚看了唐僧说的图，很容易理解这个要求。于是四人分成两组玩，但又有了新问题：三个徒弟数边数的时候，总是数不清，要么漏掉了，要么重复了。唐僧笑着说："看看，数数是个基本功，还得练习呀！"

好在他们都没有放弃，一遍数不清楚，那就多数几遍！没多久，他们全都会了，就又开始大战了！又玩疯了！

直到体验馆闭馆时，他们才出来。在路上，三个徒弟还很兴奋，主动说起了心得。

沙僧说："增加边数困难，减少边数容易！"

八戒说："移动三角形能减少边数！"

悟空却说："能不能发明一种新玩法，一人的目标是减少边数，另一人的目标是增加边数，这样会不会更好玩？"

另外三人一起说："就你想法多！"

六、天赋哪里来

又是一天的清晨，师徒四人该离开五形村了，可三个徒弟还没玩够，不愿意走。唐僧说："村长不是给了图纸吗？你们照着做出来，就能在路上玩了。"

就这样，三个徒弟决定做七巧板。可他们打开图纸后，却吓了一跳：里面有很多样式！有中国七巧板、日本七巧板，还有四巧板、玛琦六巧板和

中国七巧板　　　　日本七巧板　　　　十五巧板

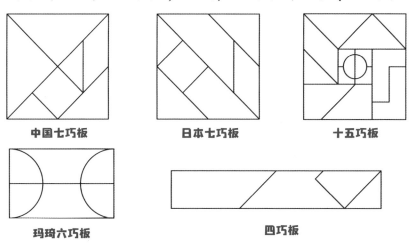

玛琦六巧板　　　　　　四巧板

23

十五巧扳，真是让人大开眼界！图纸中还有一个小册子，里面有各种图，都是用这些板块拼出来的。

沙僧说："噢，老天，这么多！"

八戒说："看来不只我们，大家都爱玩……"

悟空说："对呀，师父，以后别说我们贪玩了！"

唐僧一脸笑容："徒儿们，抓紧时间，做好了，咱们就出发！"

到底做哪个呢？三人开始讨论，可是每人都有自己的想法，悟空喜欢新奇和复杂的，要做十五巧板；八戒懒，要做四巧板；沙僧守规矩，却要做日本七巧板。最后三人只好商定：各做各的，互不干涉。

于是三人开始工作：先按照图纸在纸板上画好图形，再用剪刀把每块剪下来。这时唐僧问八戒："八戒，你对图形总是有灵感，拼图学得快，还能把七巧图看透，你是怎么做到的？"唐僧想，如果八戒没提前练习过，就是有天赋。

没想到八戒听了这话，脸变得通红，不好意思地笑了："嗯……啊……咳咳……事情是这样的……想当年，俺老猪还是天蓬元帅呢，有一次去见玉皇大帝，看到宫中有一个琉璃瓶，很好看！就拿起来玩玩，没承想一失手，瓶子掉在地上，碎了！"

唐僧叹了口气："唉，八戒，原来注意力不集中的毛病，你那时就有啊！"

悟空说："不对，打碎琉璃盏——这是沙和尚干的！"

"他打碎的是琉璃盏，我打碎的是琉璃瓶！"八戒说，"玉帝知道后大怒，我好说歹说，玉帝才同意让我把碎片带走，三天之内把它粘成原样送回，如果做不到，再治我的罪。

"说来奇怪：这琉璃瓶碎了后，全变成各种小片，有三角形的，有正方形的，还有长方形的。每种小片大小还相同。那些形状和村长图上画的一模一样！

"我盯着这些小片片，三天不吃不睡，就想着怎么把它们粘一起。最后终于成功了，玉帝也就饶了我。

"从此以后，我就落下了病根儿：无论看到什么图，都能在大脑中把图分解成小三角形……没想到这毛病在数学世界还成了个本事！"说到这里，八戒有些得意，"不过，进入数学世界后，很多事情都变了，比如我的注意力就越来越集中了！"

沙僧听后苦着脸，喃喃地说："我怎么就没想到把那些碎片粘上呢？"

八戒说："有了问题不怕，怕的是，你不想办法解决呀……"

唐僧很惊讶："我还以为你有天赋呢，没想到竟然有这样的经历，还挺神奇的！"

大家一听都笑了。悟空说："看来有压力才有动力！这与我在炼丹炉里炼成火眼金睛很像！"

唐僧说："哎，悟空，依你的意思，我得再给你们加些压力？"

三个徒弟一起说："每次过关卡，都险些丢了性命，师父求求你，饶了我们吧！"看他们着急的样子，就差给唐僧跪下磕头了。

唐僧笑了："好吧，看在八戒的分儿上，今天饶了你们，因为八戒让我明白了一个道理，那就是没有什么天赋，只有勤学苦练！还有……悟空你快点儿，就差你没做完了！"

悟空一脸委屈："师父，我这十五巧板，要做15块呢！"

七、不认真听题的后果

等师徒四人走出五形村时，已经快中午了。再往前走，遇到的还是那条河，要解决的也还是老问题：怎样过河。

唐僧知道该怎么走，他领着三个徒弟，顺着河边走了一段路，就看到一条粗绳高悬在河上面，绳两头分别系在两岸的树上。仔细看，河岸这边的绳子位置高，对岸的低。更神奇的是，绳子上还套着四个提手！看来，只要爬上这边的树，抓住提手，顺着绳子，就能滑到对岸。

三个徒弟很高兴，他们最怕过关卡，但这次看上去应该会顺利。

唐僧先爬到树上，当他抓住提手时，提手开始闪蓝光，那熟悉的声音又响起来："请回答问题！请

回答问题！"

  树很高，三个徒弟在树下既听不清问题，也听不清唐僧的回答，只看到唐僧抓住提手，顺利滑到了对岸。接下来是八戒，因为他太胖了，上树需要悟空和沙僧帮忙。八戒上树后，也回答了问题，于是他握住提手，顺利滑到了对岸。

  轮到悟空了，当他握住提手时，那声音又响起："给你三个正方形，你能拼出几种不同的图形？给你三个正方形，你能拼出几种不同的图形？"

  悟空想：横着连放三个、竖着连放三个，这是两种；下面横着连放两个，上面左边放一个，右边放一个，又两种；上面横着放两个，下面左边放一个，右边放一个，又两种。这样总共就是六种。他这么想的，也就这么说了出来。

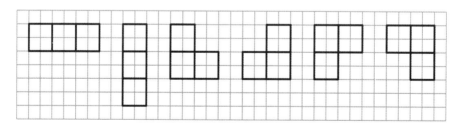

  这时蓝光不闪了，声音也没了，提手向前滑动，悟空想："不对呀，怎么没有红光和嘀嘀声呢？"正疑惑时，提手已经滑到河中间。突然，提手断了，拿着金箍棒的悟空瞬间就掉进河中！

河水很急，悟空的头露出水面几次，之后，就再也不见了。

唐僧见到这情景，都不会说话了："这这这……"还没说完，就一头倒在地上，晕倒了！

沙僧见状，连忙爬上树，想尽快赶到对岸照顾师父。当他握住提手时，那声音又响起来："给你三个正方形，你能拼出几种不同的图形？给你三个正方形，你能拼出几种不同的图形？"

沙僧对自己说：冷静！冷静！一开始，他和悟空想的一样，也认为是六种图形，可后来，他又觉得应该是三种图形，就大声说："三种！"结果呢？和悟空一样，也被扔进了河中！

沙僧曾在流沙河里住了好久，水性好，会游泳，所以他掉进河里后，马上就浮了起来，过了一会儿，竟然游到了对岸！

这时唐僧已经苏醒，听到八戒在身后不停地念叨："哎呀妈呀，真要命了！"又看见沙僧一身泥水，一手拎着宝杖，晃晃悠悠走过来。

沙僧问："师父，怎么办哪？"

唐僧摇了摇头："唉，没办法！不过……数学世界里的游客不会有生命危险，只是不知悟空会被水冲到哪里，得遭罪了！"

听到这里，沙僧和八戒松了一口气，又一想，不对呀：游客不会有生命危险这事儿，师父可从来没说过！难道他一直在骗我们？但这是个好消息。可大师兄毕竟失踪了，还不知道什么时候能回来，这绝对又是个坏消息。于是，二人都低下头，沉默不语。

过了好久，沙僧突然想起树上的问题，就问八戒："二师兄，你怎么答的？"

八戒说："无数种图形啊！它又没说拼图的要求，那就是自由拼了！"

沙僧气得直捶大腿："噢，老天！我还以为正规拼呢！"

八戒说:"哈哈,你俩没玩过自由拼吧?"

唐僧不停地用手拍地:"你们两个……怎么就不好好听题呢!要求都不清楚……就想答题?气死我了!悟空,我的悟空啊……"说着说着,他居然哭了起来。

八、二十村的营地

等沙僧把身上的衣服晒干后，三人就爬起来，跌跌撞撞，继续前进。他们必须在天黑前找个能睡觉的地方，因为高原的晚上非常冷，能冻死人呢！走了好久，天都快黑了，他们才看到一个路标。路标显示前方是一百镇，但距离很远，今天肯定走不到了。

怎么办？三人很犯愁！这时他们突然看见：就在前方有几顶白帐篷！

再细看，这些帐篷圆圆的，帐篷的中间还插了一面红旗，上面写着大大的 20。唐僧说："太好了，这帐篷应该是二十村的，咱们的老朋友！"

三人大喜，快步向帐篷走去。这时，他们隐约看见，帐篷前好像有一个人，那人不断地跳跃，并向他们挥手——这人是谁呢？走近时再看，这人竟

是悟空！

三人这个乐呀：太好了！他们一口气跑到悟空面前，拉住悟空的手，问道："你怎么会在这里？"

悟空说："嘿嘿，猜猜是谁救了我？"

三人一起摇头，河水那么急，谁能救悟空呢？

"想不到吧？是小白龙救了我！我掉进河里后，就往水底下沉，结果这一脚就踩在了小白龙的背上！你们说巧不巧？！他正好路过这条河，就被我踩到了，还是俺老孙命大呀！"

唐僧看到悟空，高兴坏了，激动得差点儿掉泪，可听悟空说这些话，不但不反思错误，反而还自夸，不禁生气了："你要是仔细听题，就不会掉河里了！还命大呢！我真想再念三遍紧箍咒！"

悟空成佛后，头上的金箍已被佛祖收回，可他戴惯了金箍，摘了反而不习惯，于是自己做了个假的戴上，就当戴了个发卡——可见，一个人的习惯

有多么重要。没有了金箍，悟空反而更加尊重师父，因为他成佛后，真正理解了师父的苦心，所以师父让他拿大顶，他就拿大顶。现在悟空明白师父这么说，是在心疼他，于是连连拱手作揖："记住了，师父！以后答题时，我一定仔细听题！"

八戒和沙僧听到是小白龙，很惊喜："小白龙在干什么呢？你竟然能遇见他！"

悟空说："小白龙在修炼一门功法，叫什么来着……唉，我给忘了，他说再过段时间就能练好，到时再来见我们。这次他有急事，把我送到这里后就先走了。"

听到这些，唐僧、八戒和沙僧都很高兴，唐僧又激动了，差点儿掉了眼泪。

看到唐僧的表情，悟空想转移一下话题，就说："小白龙还送给我一个宝贝呢！"他拿出一个望远镜，在三人面前得意地晃了晃，"用这个望远镜，能看到人间发生的事情，我们就可以做练习——用数学的方法来解决实际问题！"

八戒伸手要抢望远镜，悟空赶紧藏起来，说："一会儿再说，先看老朋友吧！"

这时，帐篷里走出一群人，他们是二十村的村长，还有数和加减号、等号等符号，但这些符号都是分身。

唐僧只和村长熟悉，他就问二十村村长："你们这是要去哪里呀？"

村长说："唐长老，一百镇现在很危险，我们要去支援一百镇！"

"什么危险？"唐僧问。

"有敌人在一百镇捣乱，形势危急，所以我们得去支援他们！"

八戒和沙僧很兴奋："好哇好哇，也算上我们，咱们一起保卫一百镇吧！"

悟空也说："对，妖怪，吃俺老孙一棒！"

可是，村长却严肃地说："想保卫一百镇，不能靠力气，而是要练好加减法。"

八戒说："嗯？力气大都不管用？为什么？！"

村长说："据最新情报，敌人有了新武器，是定时炸弹，把这些炸弹放在人多的地方，比如商店、饭馆里，炸弹一旦爆炸，就会伤害很多百姓。要想拆除炸弹，就得破译密码。要破译密码，就得根据炸弹上的两个数算出它们的和与差！"

三人你看看我、我看看你，有些发蒙：数学世界里的战斗……竟然是这样的？要拆除炸弹，还得算出和与差？好奇怪呀！

九、互为逆运算

　　村长为了表示欢迎，特意腾出一顶帐篷，供师徒四人单独居住。晚饭后，三个徒弟就回到帐篷中做加减法练习。他们三个都知道：战斗前必须做准备，要不然就得吃大亏！而唐僧要和老朋友们聊天，饭后就没回帐篷。

　　这次练习的重点是减法，第一个题目就是17-9等于几。

　　沙僧想了想说："这个我还不会，但我会做10以内的减法。"

　　悟空说："那就得想个办法，把你会的技能利用上！"

　　沙僧问："怎么利用啊？"

　　悟空说："咱们把17-9这个算式变一变，怎么样？"

八戒说："对呀，咱们练过拆数法，可以把17拆开，变成10+7，怎样？"

沙僧说："噢，老天！有机会了，我会算10-9=1！"

悟空说："好哇好哇，再加上7，1+7的得数就是8。"

三人开心地大笑，这可是他们自己发现的方法！可他们用这个方法又做了两道题，结果却不太好：悟空和沙僧都对了，八戒却都错了。

八戒抱怨说："先减后加，这步骤太多了，我总忘加剩下的那个数，所以就错了！"

悟空说："总共就两步，你还能忘一步，真是服了你！"

八戒吸吸鼻子："人家一紧张就容易忘嘛……"

沙僧说："那你就多练习吧，二师兄，熟练了，就不会紧张啦！"

"别急，让我再看看，还有什么方法。"悟空低头想了一会儿，突然抬起头说，"有办法了！减数是9，所以咱们可以把17直接拆成9和8，9-9=0，这样，剩下的那个8就是得数！"

八戒说："哈哈，太好了，这样省了一步，我再

也不会忘了！"

于是他们趁热打铁，用这个方法又做了三道题：13−9=4，14−9=5，15−9=6。果然全都对了！

八戒笑了："这拆数法真灵，什么时候都能用得上，9爷爷太棒了！"

"可怎么拆是门学问，第二种方法是根据减数来拆，一步到位，妙！"沙僧一边说，一边向悟空伸出大拇指。

悟空说："其实第一种方法也不错，把十几拆成10加几，很容易，只要别忘了后面那步，就不会错。"

八戒说："唉，不管怎么说，减法还是比加法难！"

"可是我感觉这加法和减法，怎么好像是一回事呢？"悟空边说边拿出十五巧板摆来摆去，"你们看，本来有6块，我添上9块，就是6+9=15。我再从15块里拿走9块，剩下6块，就是15−9=6。这一加一减，又回到了原来的样子。"

沙僧问："为什么会这样呢？"悟空摇摇头，他有感觉，却说不出来。

八戒说："这还不简单，因为加法和减法正

相反！这就好比你向前走三步，再向后退三步，肯定又回到了原位。"

突然，从背后传来一个声音："说得好！像这样的**加法和减法互为逆运算！**"

三个徒弟扭头一看，原来是师父！他们太专心了，都没发觉唐僧进了帐篷。

悟空问："师父，逆是什么意思？"

唐僧接着说："'逆'的意思是相反，也就是说，**加法的相反运算是减法，减法的相反运算是加法。**"

八戒说："明白了逆运算，又有什么用呢？"

唐僧说："当然有用！会前进，就知道什么是后退；同样的道理，会了加法，就知道什么是减法！"

悟空拍手大笑："我说对了吧，加法和减法就是一回事！"

唐僧说："现在，你们把20以内关于9的加法算式和对应的减法算式写出来，然后盯着它们，看上半小时，自然就有感觉了！"

三个徒弟一起撇嘴：又得半小时？不过，他们已经知道这样做的好处，就乖乖地去写了。八戒一边写，一边模仿师父小声说："看了不白看，一会儿就知道！"

最后，三人写出了以下算式：

数学西游

1+9=10	10−9=1	10−1=9
2+9=11	11−9=2	11−2=9
3+9=12	12−9=3	12−3=9
4+9=13	13−9=4	13−4=9
5+9=14	14−9=5	14−5=9
6+9=15	15−9=6	15−6=9
7+9=16	16−9=7	16−7=9
8+9=17	17−9=8	17−8=9
9+9=18	18−9=9	18−9=9
10+9=19	19−9=10	19−10=9
11+9=20	20−9=11	20−11=9

十、等量增减法

唐僧等三个徒弟写完加减法的算式，又看了半小时之后，说："现在我再教你们一招儿——怎样把加法变成减法。"

悟空一听"招儿"就来劲了："什么招儿？快说说！"

"还记得等号的含义吗？"唐僧说着写出了一个算式：6+9=15。

沙僧说："当然，等号意味着两边的数量相等！"

唐僧说："好，既然相等，我在算式两边同时加上一个相同的数，还会相等吗？"

三个徒弟点头："当然相等！"

唐僧连着写出三个算式：6+9+0=15+0，6+9+1=15+1，6+9+2=15+2。

"现在我反过来，在算式两边同时减去一个相同的数，还会相等吗？"

三个徒弟点头："当然！"

唐僧又写出三个算式：6+9-0=15-0，6+9-1=15-1，6+9-6=15-6。

写完后，唐僧指着最后的算式说："这个等式两边，同时减6，可以吧？"

三个徒弟点头。

"算一下左边，6-6=0，算式就变成……"唐僧写出 9=15-6。

"不对，师父！"悟空指着算式的左边说，"6+9-6，应该先算6+9，再减6！你计算的顺序错了！"

唐僧说："哈哈，计算加减法时，改变计算的顺序，结果是一样的，不信，你们来试试？"

悟空说："嗯？怎么会这样？"

沙僧说："我早就知道8+9和9+8是一样的了！"

唐僧说："你们站起来，向前走2步，再向前走3步，再往后退1步，总共是几步？"

悟空说："2+3-1，这还用说吗，4步呗！"

唐僧说："别光口算，你们亲自站起来走一走！"

三人只好站起来，照唐僧说的走。

唐僧又说："记下你们现在的位置。然后回到出发点，照我说的做：先向前走 2 步，再往后退 1 步，再向前走 3 步。看一下，结果会怎样？"

三人走完后，不约而同地说："师父，还是第一次的位置！"

"那你们自己说，2+3-1 和 2-1+3 一样吗？"

八戒和沙僧点头，悟空却在挠头："嘿！真是这样！"

唐僧说："这说明什么呢？先加后减和先减后加，结果都是一样的。也就是说，**计算加减法时，我们可以改变计算的顺序，这是一个重要的规律，我们可以好好利用它！**"

三个徒弟点点头，唐僧指着 6+9-6=15-6 的左边说："6+9-6，我改变加 9 和减 6 的顺序，先减 6，再加 9，就成了 6-6+9，这样得数是一样的，但计算就变简单了。"

唐僧写出算式 9=15-6 说："等号的含义是两边数量相等，左边等于右边，右边也等于左边，所以我可以把这两边换一下，这没问题吧！"于是，9=15-6 又变成了 15-6=9。

十、等量增减法

　　三人盯着两个算式看了半天，终于恍然大悟：从 6+9=15 到 15-6=9，经过几步的变化，加法就成了减法！

　　唐僧说："等式两边同时加上或减去一个相同的数，叫等量增减，等式依然成立。这是数学中非常非常非常重要的一种计算方法，一定记住了！"

　　沙僧说："用这个办法，也能把减法变成加法喽？"

　　唐僧说："必须是，因为它们互为逆运算，你们自己来试试，把一个减法算式变成加法算式吧！"

　　三个徒弟凑在一起，沙僧写出了算式：15-9=6。怎么把它变成加法算式呢？

　　八戒说："两边同时加上 9！"

　　沙僧又写出：15-9+9=6+9。

　　接下来怎么办？三人想了好久，悟空指着算式左边说："15-9+9，改变计算的顺序，也就是把加 9 和减 9 换一下，怎么样？"

　　于是算式左边变成了 15+9-9，八戒看后高兴得不得了："哈哈，我先算后面，9 减 9 等于 0！"话音未落，沙僧已经写出 15=6+9，然后写出 6+9=15。

　　沙僧放下笔，激动得直拍大腿："噢，老天！加减法还能互相转化，还能一步一步算出来！"

十一、功夫是什么

三个徒弟学会了改变加减法计算的顺序，还有等量增减计算方法，特别兴奋，就想做几道题。

唐僧却问："别急着练习，你们先说一说：对等量增减，还有什么想法或问题？"

悟空看着算式，挠挠头说："我总算知道……数学世界为什么是符号的乐园了——就是因为能变！这么变来变去，比七十二变还有意思！"

唐僧说："对，因为变，数学世界才精彩、有趣。但不能胡变、瞎变，变要遵守规则，还要变得巧妙。"

悟空追着问："师父，遵守规则我知道，但巧妙……怎样才能做到？"

"很简单，就是要仔细思考每个符号的含义！"唐僧说完伸出手，指着算式中的等号、加号和减号。

数学西游

悟空盯着等号说："我怎么都没想到，这等号的含义还挺深！"

唐僧问："那你们说说，等号都有什么含义呢？"

沙僧说："等号的左边等于右边，右边也等于左边！"

八戒说："等号两边同时加一个数或减一个数，还相等！"

悟空说："师父，如果在一个等式的两边同时加上另一个等式的两边，也还是相等的吧？"

唐僧说："说得好！你说的这个性质，以后就会用到！"

悟空说："可这些都很简单哪！"

"哈哈，看着简单，用起来就不会了。很多人学数学都是这种状态——为什么呢？因为他们从来没有思考过符号的真正含义！"唐僧接着说，"不过别忘了：除了等号，还有数，以及加减号等其他符号，它们组合在一起，才能演一部精妙的好戏！"

悟空说："明白了，理解了符号的含义，才能巧妙变化！"

"好了，你们练习去吧！"唐僧说完，就去睡觉了。

沙僧从怀中掏出一张纸，悟空也凑上去看，见纸上写着：

11=6+5=7+4=8+3=9+2

12=6+6=7+5=8+4=9+3

13=7+6=8+5=9+4

14=7+7=8+6=9+5

15=8+7=9+6

16=8+8=9+7

17=8+9

18=9+9

悟空就笑了："沙和尚，这不是你找的重点吗？没有被河水冲走？"

沙僧苦着脸说："我把它放在胸口，才保留下来……"原来，二人掉进河中，背包早被河水冲走了，只剩身上的衣服和武器。今晚练习用的本子和笔都是八戒在五形村买的。不过，悟空还有一个望远镜，是小白龙送他的。

八戒也凑上来问："这些是加法算式，对做减法有用吗？"

沙僧很得意："当然有用，师父都说了，会做加法，就会做减法！"

唐僧已经躺下了，听到这话又坐起来："哎，我得补充一下，会做只是开始，要算得又准又快才行——你们必须多练习！"

　　三个徒弟一起瞪大眼、张大嘴：又练习！他们明白练习很重要，只是觉得师父太啰唆。

　　唐僧看到三人的表情，就问："徒儿们，你们都想学功夫、练功夫，可我问你们，这功夫二字，到底是什么意思？"

　　三个徒弟你看看我，我看看你，不知怎么回答。

　　唐僧说："功夫就是做事要用的时间和精力呀！不花时间和精力，怎么会有功夫？"

　　三人想了想：只要功夫深，铁杵磨成针，看来这话没错。悟空就说："您老人家说得对，我们正练呢！"

　　唐僧听后直纳闷儿：我怎么一下子就成了老人家？过了好一会儿才明白，这是悟空故意气他呢，于是自己躺下睡了。

　　三个徒弟根据加法算式，写出减法算式。

　　11-6=5　　11-5=6　　11-7=4　　11-4=7　　11-8=3
11-3=8　　11-9=2　　11-2=9

　　12-6=6　　12-7=5　　12-5=7　　12-8=4　　12-4=8
12-9=3　　12-3=9

　　13-7=6　　13-6=7　　13-8=5　　13-5=8　　13-9=4

13-4=9

14-7=7　14-8=6　14-6=8　14-9=5　14-5=9

15-8=7　15-7=8　15-9=6　15-6=9

16-8=8　16-7=9　16-9=7

17-8=9　17-9=8

18-9=9

写完后，悟空直挠头："这么多！"

八戒说："没看出规律！"

沙僧说："我先把它们分类，再找规律……"

三人正说着呢，身后突然传来呼噜声！看来唐僧真累了。听着有节奏的呼噜声，八戒和沙僧也困得不行，都躺倒睡了。悟空没有睡，也没有练习减法，而是偷偷拿出了他的宝贝——望远镜。

十二、全能望远镜

悟空偷偷拿出望远镜,观看人间,他本来就好奇,又在仙界待了上千年,实在太无聊了,所以他特别想知道,现在的人间到底是什么样子。

悟空很快发现:这个望远镜的功能非常强大,竟然能看到全世界的各个角落!望远镜还有声音,能随时播报正在看的地点,比如哪个国家、哪个城市,还能说出这是什么场所,比如住宅区、商场、医院、体育馆等。

悟空还发现,望远镜上有个按钮,上面刻着一个"内"字。只要一按它,就能看到房屋里面——屋中有什么、人在干什么,看得清清楚楚。更让悟空惊讶的是:望远镜上还有一个旋钮,上面刻着"时光"二字,只要一转它,就能看到几十年前甚至几百年前的景象！

悟空很激动："真是个好宝贝，简直是千里眼、顺风耳，还有穿墙术和穿越术，这东西太棒了，就叫它……全能望远镜吧！"

悟空移动望远镜，他先看到工厂里有很多人在紧张地工作，有很多机器在运转，不停地制造出各种产品。

悟空看到一个做口罩的机器，这上面有计数器，一个、一个、一个，这是机器在数数，数够了10个，就包在一个小盒子里，10个小盒子又放到一个大盒子里，10个大盒子装在一个箱子里，工人也在不停地数数，数量够了，就把箱子用胶带封上、放好。"人们还真是离不开数数！"悟空心想。

看完工厂，又看住宅区，住宅不再是古代的平房，而是成片的楼房。悟空不想偷看别人的隐私，就只看屋子外面，他注意到小区里的垃圾桶，总是好几个并排放着，几个桶的颜色还不一样，有黑色、蓝色、红色和黄色。悟空想："弄一个大桶不就得了吗，为什么要搞这么多？人类好麻烦啊！"

看完住宅区，又看大马路，马路也全变了，上面画着各种颜色的线，路口还有红绿灯。人们在各自线路内，按照红绿灯的提示前进或停止。悟空喜

数学西游

欢汽车，就沿着马路看汽车，不知不觉，就看到了一条高速公路。他发现这高速公路也很复杂，一条大路分四条车道，路上线多、车多，车跑得又快，让悟空眼花缭乱，有些烦躁。于是他轻轻转动时光旋钮，顿时，所有的路都变窄了，也没有各种线，车也少了。悟空想："这样多好，路就是路，简单才爽呢！"

看完街道，他又看医院，医院里有很多指示牌子，写着各种科，病人会选择不同的科挂号，然后看医生。悟空心想："过去看病时，诊所里就一个医生，进了诊所就看病，现在倒好，医院这么多牌子，真麻烦！为什么所有事情，都搞得这么复杂？"

悟空接着看商场，商场里的顾客多，商品也多。每个商品上都有个标签，上面写着数。悟空知道这些数就是商品的价格，因为他们在数学世界里，吃饭和住店，也要按价付钱。

悟空喜欢吃桃，就在商场的超市中找卖桃的。他先找到卖蔬菜水果的摊位，又找到了卖桃的，可他仔细一看，不禁笑出声来：这里的桃子，竟分成三种——一种个头大，一种个头中等，还有一种，个头很小。它们的价格还都不一样。

悟空想："现在的人好累，卖个桃还要分三种，搞三个价格，太复杂！要是我卖，就把桃子全混在一起，只有一个价格，那样算起账来多简单！"他越想，越觉得自己真聪明，不禁对自己说："明天我就要告诉师父，人类很麻烦，而且越来越麻烦了！"

十三、桃子怎么卖

第二天早上，悟空早早叫醒了大家，又把他昨晚看到的，详细讲了一遍。这奇妙的经历，让八戒和沙僧羡慕坏了。

可是，当悟空讲到卖桃子，还有他的"聪明"主意时，唐僧却哈哈大笑！

悟空不明白："怎么？难道我说得不对吗？"

唐僧说："的确有问题，快起来穿衣服，我给你们讲！"

四人连忙穿好衣服，又准备好纸和笔。

这时唐僧说："现在我有3斤桃，一斤个头大，卖3元；一斤不大不小，卖2元；一斤很小，卖1元。你们说，总共能卖多少钱？"

沙僧写得快算得也快，迅速在纸上写下：

3+2+1=6，然后大声说："6元！"

唐僧等悟空和八戒也写好了，继续说："现在我把这3斤桃混在一起，一斤卖几元才不亏呢？"

沙僧又最先写出：2+2+2=6，说："一斤卖2元，才能和刚才的钱数一样！"

唐僧说："你们想得挺美，但实际上，这样的事，根本不会发生！"

三人同时问："为什么啊？"

唐僧说："有些人买桃时不怎么在乎价格，他们只想买好看又好吃的桃，这有大有小的桃，他们可能不会买。"

悟空说："那些桃子，虽然大小不同，却很新鲜！"

唐僧问："王母娘娘的蟠桃会上，桃子也有大有小吗？"

悟空不说话了，蟠桃会上的桃子，还真的是一

十三、桃子怎么卖

样大小。

八戒说："总有人会在乎价格，会买吧？"

唐僧说："有人不在乎大小，却很看重价格，2元一斤的桃，对他们来说太贵了！他们意愿吃1元一斤的小桃子。虽然小一点儿，可是能省一半钱呢！"

三个徒弟说："那谁会买啊？"

唐僧摊开双手："可能谁都不会买，最后就成了烂桃！"

三个徒弟傻眼了，他们根本没想到问题会这么复杂！

唐僧又问："现在轮到你们了，说说自己的想法或问题吧！"

八戒说："把大桃子和小桃子分开，就能卖出去了？"

唐僧说："对啊，有人喜欢买大桃，有人喜欢买小桃，各取所需，不是很好吗？"

八戒说："哎，我有个主意，既然有人不在乎价格，那大桃还可以卖得再贵点，怎么样？"

唐僧和沙僧一起笑道："你可真会钻空子！"

笑过后，他们突然发现：悟空一直没说话，于是唐僧问："悟空，你在想什么呢？"

悟空挠挠头，咧着嘴说："我一会儿明白，一会儿又糊涂了！"

唐僧又问："那快说说，明白的是什么，糊涂的又是什么？"

"我明白的是：解决问题，不能只想着计算简单，还得考虑人，人的感受很重要！"

唐僧说："对了，想问题时，一定要多方面考虑！"

"我糊涂的是，师父你说过，数学很重要。既然数学重要，为什么还要考虑人的感受呢？这只能说明，数学不重要！"

唐僧说："数学当然很重要，数学包含的范围也很广，你之所以糊涂，是因为你觉得数学就是数数和计算，对不对？"

悟空眨眨眼："我还真是这么想的，可这有错吗？"

唐僧很严肃地说："数学除了数数和计算，还有很多方法，把桃子分开卖，也是数学里的一种方法。"

悟空更糊涂了："分开，也算是数学……的方法？这是什么道理？"

唐僧说："把桃子按大小分开，其实就是分类，分类是数学中的一个方法，思考问题会用到，解数学题也会用到，它非常非常非常重要！"

看到师父连着说了三个"非常"，悟空想："有那么重要？不就是分个桃吗？"想着想着，他竟然

自言自语，把心里想的说了出来。

唐僧说："什么？你说分类不重要？好，那咱们继续——说说你看到的其他事吧！"

数学西游

十四、汽车怎么开

悟空说："别提了，现在的人间就两个字——麻烦！先说小区吧，连垃圾桶，也要放几种颜色的，你们说，放一个大的，不就得了吗？！"

唐僧说："那桶上有什么字，你看了吗？"

悟空说："看了呀，有厨余垃圾、可回收物、有害垃圾和其他垃圾。垃圾还分这么多种，真是多此一举！"

唐僧说："才不是呢！现在人间有很多垃圾，又多又乱又不卫生，再不治理，人类的生活环境会越来越差的！"

悟空说："那就治理呗，为什么还要分类？"

唐僧说："人类摸索了多年，发现要治理垃圾，最好的办法就是先分类！否则，治理起来很麻烦！"

悟空说:"有这么严重?"

唐僧说:"当然了,比如剩饭剩菜,还有纸张塑料,加上电池、渣土,把它们全都混在一起,你就说这堆东西,怎么利用、怎么治理吧?"

悟空挠挠头,想了半天,说:"给它们一把火烧了?"

八戒说:"厨余垃圾都是汤汤水水的,不好烧吧?"

沙僧说:"再说了,纸张塑料还能利用呢!烧了太可惜!"

悟空又说:"那就把它们埋了?"

唐僧说:"埋垃圾要用土地,人类已经用了不少土地埋垃圾,不能再这么用了!"

八戒说:"那还是分类吧,我知道,虽然厨余垃圾臭烘烘的,可是经过加工,它还能做肥料呢。"

沙僧说:"我也知道,这纸张、塑料、钢铁,都可以回收,再次利用。"

唐僧说:"有害垃圾需特殊处理,防止它们伤害人类,其他垃圾可以卫生填埋等。因为没有大量垃圾,污染就小了很多。这样,再不会有臭烘烘的垃圾山了。"

悟空有些无奈,只好承认:"看来还真得分类,分类后,就可以用不同手段,区别对待了……可这是对垃圾。高速公路上,为什么要分多条车道呢?"

唐僧说:"咱们从简单的开始。先说城里的马路,分机动车道和非机动车道，非机动车道又分自行车道和行人道，为什么要分呢？"

沙僧问："师父，什么叫机动车道？"

唐僧说："机动车就是机器带动的车，比如汽车和摩托车，专供它们走的道，就叫机动车道。"

沙僧说："那我就知道了，这样分，是因为机动车、自行车和人，前进的速度不同，行人走得慢，要是和汽车在同一条道上，那就危险了！"

唐僧说："所以得分类，分类后各行其道，互不影响，这个办法看着简单，却十分有效。我说分类重要，因为它是人类解决问题的重要方法之一。"

八戒和沙僧点头称是，悟空却不太服气："可是，高速路上没有自行车和行人，为什么还要分出多条车道？"

唐僧说："你确定，高速路上的每辆车都一样，没有任何区别？"

悟空想了想："还是有些区别，高速路上有小汽车、大客车，还有货车等，它们的速度不一样。"

唐僧说："对了，小汽车快，货车慢，要是它们混在一起，会怎样？"

悟空叹了口气："很有可能撞车——所以，还得分类？"

十四、汽车怎么开

唐僧说："对呀，所以高速公路会标明车道的行驶速度，最高不超过每小时120千米，最低不低于每小时60千米。我们就看同方向有三条车道的公路吧。最左侧车道的最低车速为每小时110千米，中间车道的最低车速为每小时90千米。这样规定，是为了让开得快的车走最左侧车道，开得慢的车走另外两条车道。除了这三条车道，右侧还有一条应急车道。"

悟空问："应急车道是干什么的？"

唐僧说："在发生车祸、堵车时，警察和救护车可以走应急车道，这样能保证他们很快到达现场。"

沙僧说："噢，老天！这么一弄，每种车都各行其道，互不影响！"

唐僧说："对，这就是高速路上的分类，有了分类，就有了规矩，车祸就少了很多。悟空，你说分类重要不？"

此时的悟空已心服口服，连连点头："重要！重要！"

八戒说："哈哈，人类总有好办法，因为他们会分类！所以我要回人间！"

"你是想高老庄了吧？"悟空说完八戒，又问唐僧，"师父，为什么分类这么管用呢？"

唐僧说："为什么？我还要问你们呢！自己想想吧！"

十五、工杨是哪里

师徒四人正说着，二十村村长派人来，说有新情况，请唐僧去开会。唐僧拿出几块七巧板，让三个徒弟练习分类，就急匆匆地走了。

八戒不想做练习，而是缠着悟空，要借万能望远镜，来看看人间。悟空刚才练习时，用的纸和笔都是八戒的，因为他的背包早被河水冲走了，现在除了金箍棒和望远镜，什么都没有，真是可怜呢。而沙僧更可怜，只有一根降妖宝杖。

俗话说：吃人家的嘴短，拿人家的手短。悟空没办法，只好把万能望远镜给八戒用。八戒拿到望远镜，就迫不及待地调整镜头，先看小区的垃圾桶，又看城里的大马路，接着看高速公路，最后看医院。

八戒看完病房，又看医生护士，最后，镜头停

在医院门口的指示牌上，只见上面写着：内科、外科、儿科、呼吸科、口腔科等。八戒说："你们看，有这么多的科，这也是分类。人类怎么就……这么喜欢分类呢？"

悟空说："为什么喜欢？因为管用呗！对了，为什么管用？"

八戒说："为什么管用？哎，这不是刚才师父的问题吗？"

悟空和沙僧没理八戒，而是抢过望远镜，也看了看指示牌。沙僧想了一会儿，说："有了这个分类，要是牙疼，就直接去看口腔科，多方便啊。"

悟空却说："我牙疼就不去看口腔科，我就去那什么……工杨科看，会怎样？"悟空随便看到一个

就念了出来,也不知道这"工杨"两个字是什么意思。

八戒也不明白工杨是什么,但感觉这样不太对:"牙疼不看口腔科,肯定看不好!"

悟空又问:"为什么看不好?"

"这还不简单,口腔科的医生最懂牙!"其实,这是八戒猜的。

悟空接着问:"为什么别的科的医生,就不懂牙呢?"

八戒不知道怎么说了,这时沙僧拿着望远镜,边看边说:"一个人再厉害,也不可能什么都会呀!要不然……你们快看,专家!"

原来,沙僧看到了指示牌,在它旁边,还有一块大牌子,上面写着:专家介绍。三人找到口腔科的专家介绍,才明白:这些人从大学时就学习怎么看口腔疾病了。

悟空说:"我知道为什么要分类了,它能让一个人集中精力,做好一件事!"

八戒说:"真是好学生,还想着师父的问题呢!"

悟空问:"师父有什么问题?"

八戒说:"师父的问题是,为什么分类这么管用啊!"

沙僧说:"为什么?我来说吧。把医生分类,医

生能做好一件事；把病人分类，病人能得到最好的治疗！"

这话说得太好了，悟空和八戒都点头称是。

沙僧还想知道，悟空刚说的工杨科到底是干什么的。悟空就指给他看："就那个，第一个字是左边一个月，右边一个工的！"

沙僧不停地移动望远镜，终于找到了这两个字，看到后大笑不止："哈哈哈，大师兄，这两字不叫'工杨'，而是叫'肛肠'，是专门治……屁股的呀！"

八戒听后也笑起来，悟空的脸红了：他认字不多，碰到不认识的，就"君子识字认半边"，没想到，出了个大洋相！悟空心中暗下决心：以后再不这样了！

他们看完医院，又看人间的其他地方，沙僧喜欢图书馆和研究院，八戒喜欢剧院和博物馆，悟空呢？他最喜欢工厂。他们边说边看，边看边说，一眨眼就过了一个小时。

悟空说："咱们做练习吧，师父快回来了！"说完他收起了万能望远镜。

可是谁也没想到：片刻之后，这三人竟然就因为分类练习，大吵了起来！

十六、漏掉的类别

三个徒弟做分类练习，他们拿起师父给的七巧板一看，发现正是他们自己做的那些！原来三个徒弟在离开五形村前，就做好了十五巧板、四巧板和日本七巧板，在路上总拿出来玩，唐僧怕耽误赶路，就把这些全收起来，放在自己的背包里。这样也好，要不然，十五巧板和日本七巧板也会被河水冲走。

这些板有半圆、三角形和正方形，有白色、灰色和黑色。

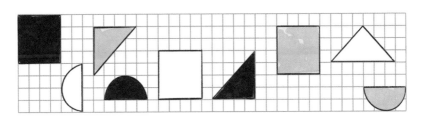

数学西游

　　沙僧说："应该分三类——正方形、三角形和半圆。"

　　八戒说："不对，应该分为黑色、灰色和白色这三类！"

　　悟空说："都不对，应该分为我做的、你做的和他做的这三类！"

　　三人都认为自己对，还听不进别人的话。就这样，越说声音越大，最后就吵了起来。

　　这时唐僧手里拎个纸袋，走进了帐篷，看到这情景，没急着说话，而是听了一会儿才说："好了好了，别吵了，八戒说得对，沙僧也对！"

　　悟空一听急了："难道我说得不对？"

　　唐僧说："你别急，听我说。分类就是要选一个标准。这个标准要清楚，比如八戒分类的标准是颜色，沙僧分类的标准是形状。标准不同，结果就不一样，但都是对的。"

　　悟空很纳闷："我的标准也很清楚啊……"

　　唐僧说："标准清楚了，还要看结果，**分类的结果不能遗漏，也不能重复。**如果有遗漏或重复，说明还是有问题。"

　　"悟空，你仔细看看，这三个半圆都是你做的吗？"

　　悟空突然发现：这白色的半圆……好像有点儿

陌生呢！悟空拿着它，盯着八戒和沙僧看。

八戒摆摆手："不是我，我的是四巧板！"

沙僧摇摇头："七巧板里可没有半圆。"

唐僧眨眨眼："这块是我做的，哈哈，要是照你的分类标准，它就被漏掉了！"

悟空气得大叫："师父，你怎么能这么干！"

唐僧摊开双手："我哪里知道，你会这么说呢？"

沙僧问："师父，不能遗漏我懂了，不能重复是什么意思？"

唐僧说："如果你们用这样的标准分类，一类是图形里有直线的，一类是图形里有曲线的，那半圆既属于第一类，又属于第二类，这样的结果就是重复的。"

"其实，如果悟空说按照谁做的分类，就很清楚了，结果不会遗漏，也不会重复。可当时他说的是'我做的、八戒做的和沙僧做的'——就错了！"

悟空想了想，还真怪不了别人，怪只怪他自己漏掉了一个类别。可他还是不愿认输："那把它们分为两类——我做的和不是我做的，这样可以吗？"

唐僧说："当然可以！这样分类，标准清楚，结果既不会遗漏，也不会重复。"

悟空说："要是这样，我有无数种分类方法！"

唐僧笑着点头，八戒和沙僧却不明白："怎么会？"

悟空说："这九块，可以分为八戒做的和不是八戒做的，沙僧做的和不是沙僧做的，三角形的和不是三角形的，正方形的和不是正方形的，半圆的和不是半圆的，黑色的和不是黑色的，白色的和不是白色的……"他说个不停，简直成了相声演员。

唐僧说："好，好，都对都对，停下吧！"

悟空终于停下来，大口喘着粗气。

唐僧冲悟空竖起大拇指："能举一反三，给你点赞！不过，咱们得赶紧出发了！"

八戒说："啊，出发？还没吃早饭呢……我都饿了！"

"前面有情况，我们早点儿走，才能早点儿到！"唐僧边说边从纸袋里拿出几个馒头，递给三个徒弟，"快吃完收拾东西吧！"

十七、遭遇铁板阵

不一会儿，大家就集合成一队，正准备出发，突然看到一个人跑来。他跑到人群面前，大声说："村长，不好了，我们被铁板阵包围了！"

村长对唐僧说："咱们去看看？"唐僧点头同意，于是二人向前走去，三个徒弟和报信人紧跟其后。他们看到地上有一根铁链，就顺着铁链的方向继续走，直到看见铁链连着的一块圆形铁板才停下来。这块铁板很厚，仔细看，原来是两层铁板焊在一起做成的，上面写着大大的数：21。

这时报信人说："村

长，这样的铁板总共有六块，上面的数都是21，它们刚好排成一个三角形，围住了我们！"

村长神情严肃地说："看来必须解码才能突围了，而且铁板是两层的，唐长老，这事儿只能拜托您了！"

唐僧自信地笑笑："没问题，放心吧！"

悟空用胳膊肘捅捅唐僧，小声问："师父，这是什么意思呀？"

唐僧没回答悟空，而是对众人说："稍等，我们商量一下！"说完他伸出胳膊，像母鸡赶小鸡一样，把三个徒弟赶到一边，然后说，"三角形的每条边上有三个数，每块铁板中间要站一个数，如果每条边的和是21，就算解码成功。要是错了，铁板下有炸药，就会爆炸，三角形里的人都会倒大霉！"

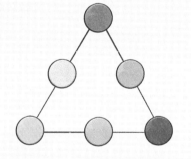

悟空不解地问："为什么不从铁链上跨过去？"

"跨过去？那更惨，肯定会爆炸！"唐僧焦虑地说。

八戒吐吐舌头："我的妈呀，这是谁设计的，够狠！"

沙僧却什么都不说，迅速从八戒的背包里拿出纸和笔，画出一张图。

悟空又问："师父，两层铁板又是怎么回事？"

唐僧说："就是要用数正确解码两次，才能彻底消除危险！"

悟空说："也就是说，要组成两个数字阵？"

唐僧点点头。

这时沙僧拿着笔问："现在我们有什么数？"

"从0到20都有，但有个条件：每个数只能用一次！"唐僧迅速回答道。

三人围着沙僧画的图，一起想：怎样让三条边的和都是21呢？

唐僧却跑到村长身边，不知道嘀咕什么。村长一边听，一边点头微笑，之后，村长拿出一面小红旗，一挥红旗，人群里跑出六人。这些人都穿着白衬衣和长裤，衬衣前后都写着大大的数，沙僧记了下来，是5、6、7、8、9和10。这六人各自跑到铁板上，形成了一个三角形，只见红光一闪，铁板从原来的两层，瞬间变成了一层！之后，这六人安全地走出铁板阵。

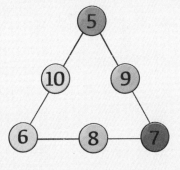

村长再次挥动红旗，人群中又跑出六人。他们身上的数分别是：1、2、3、16、17和18。他们也各自跑到铁板上，红光又一闪，地上的铁板和铁链，

居然全消失了！

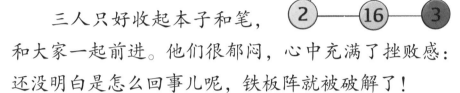

村长走到悟空他们三个面前，笑得嘴都合不拢了："各位，咱们出发吧！"

三人只好收起本子和笔，和大家一起前进。他们很郁闷，心中充满了挫败感：还没明白是怎么回事儿呢，铁板阵就被破解了！

悟空说："他们算得怎么这么快？这里一定有窍门！"

沙僧说："我注意到，好像每组中小一些的数都站在角上……"

悟空说："难道这……和拼七巧板相反？七巧板要先把大块的放好，而这个要先把小数放在角上，再补上大数？"

"这是师父算的，要想知道窍门，问师父就好啦……"八戒没思考题目，却一直在偷偷观察师父，看唐僧干了什么。

唐僧说："算术国里的数，只会完成基本的运算，他们不会把实际问题变成一个数学问题，也不会运用推理和想象来解决问题，所以就得靠我们帮忙了！"

这么一说，三个徒弟又高兴了：看来，他们还有很多机会来施展自己的才能！

十八、算式搭天梯

破解铁板阵后，队伍继续向一百镇前进。悟空三人体力好，走在最前面；村长和唐僧在中间；其余人走在后面。

他们走着走着，就走进了一座山。这里路很窄，也很陡峭，大家只能扶着栏杆慢慢走。村长说这是天梯，因为爬山像往天上爬，这山路就叫天梯了。

正说着呢，悟空突然喊道："不好，没路了！"

大家抬头一看，只见前方有一面巨大的石崖，这石崖像墙一样，直上直下，表面还很光滑，人很难攀爬上去。

村长说："又有人在捣乱，原来这里有梯子！"

这时，悟空发现崖上有四行小字：

要想从此过，只有先闯关。

数学西游

天梯有九层，每层是算式。

算式用减法，相减差是9。

每数用一次，祝你别踩空！

悟空大声念出来，又解释道："这是要我们写出9个减法算式,算式的差也就是得数必须是9,对吧？"

沙僧说："还得用0到20这些数，而且只能用一次！"

八戒不明白："为什么只能用0到20？"

沙僧说："这些都是二十村的村民，哪里有比20大的数？"

这时悟空和八戒有点儿犹豫：他俩对减法还不熟悉呢！

沙僧自信满满地说："没事儿，我有办法。看！"说着，他从怀中拿出一张纸，上面画着一个表：

算式 减数 被减数	11	12	13	14	15	16	17	18
9	11-9=2	12-9=3	13-9=4	14-9=5	15-9=6	16-9=7	17-9=8	18-9=9
8	11-8=3	12-8=4	13-8=5	14-8=6	15-8=7	16-8=8	17-8=9	
7	11-7=4	12-7=5	13-7=6	14-7=7	15-7=8	16-7=9		
6	11-6=5	12-6=6	13-6=7	14-6=8	15-6=9			
5	11-5=6	12-5=7	13-5=8	14-5=9				
4	11-4=7	12-4=8	13-4=9					
3	11-3=8	12-3=9						
2	11-2=9							

悟空看了一会儿说："这个表不错，横着看，是同一个减数；竖着看，是同一个被减数。有规律！可是，等于9的减法算式在哪里呢？"

八戒只扫了一眼，就说："你斜着看，等于9的算式都在一条线上呢！"

悟空仔细一看，还真是这样！他一高兴，就念了出来："18-9=9，17-8=9，16-7=9，15-6=9，14-5=9……"

还没念完呢，沙僧就打断了悟空："等等，大师兄！天梯有9层，现在表中只有8个算式，我们还得再补上1个。"

八戒想了想："19-10=9就可以吧？"

悟空说："对呀，还真是！"

三人正说着，只见村长又拿出了小红旗，这次他看起来很自信。村长一挥红旗，队伍中走出5人，他们是11、2、9、减号和等号，几人走到崖边，站成11-2=9的队列。

就在他们站好的瞬间，红光一闪，啪啦一声，从崖顶垂下一个绳梯！不过这绳梯很短，只有一节，也就是只有一个横杆。

村长继续挥动红旗，减号、等号和9不动，11和2走回去，12和3走上来，他们站好后，红光一闪，

十八、算式搭天梯

绳梯又垂下一节。

就这样，他们总共组成了9个队列，绳梯下垂了9次，这时最下面的横杆，刚好到人肚子那儿。

看到这情景，悟空和八戒感到很神奇：这些数对基本运算都很熟练，而且很有计划。这点从出场顺序就能看出来：被减数和减数依次增大，和沙僧的表一模一样。

二人也越来越佩服沙僧：他喜欢琢磨，更舍得下功夫，自己发现规律、总结规律，表现当然很棒！

八戒问："沙和尚，这表你什么时候画的，我怎么不知道？"

沙僧嘿嘿一笑："我在路上休息时，自己瞎画的。"

悟空又问："你怎么想到画这个表呢？"

"师父讲了分类后，我就想：减法算式也可以分类呀！可我发现，分类的标准有两个——可以根据减数分类，也可以根据被减数分类。我想把这两个标准都照顾到，画来画去，就成了这样……"沙僧一边说，一边搓着双手，有些不好意思。

悟空和八戒都说："晚上我也要画一遍！"

有了绳梯，过石崖就很轻松，整个队伍顺利通过了天梯。在太阳快要落山时，他们安全到达了一百镇。

十九、九十九加一

队伍到了一百镇，二十村村长把大家安顿好后，就和唐僧师徒一起赶往镇政府。到了之后，他们才发现：门口站着 7 个人，在迎接他们呢！

唐僧认识他们，给三个徒弟一一介绍：一百镇的镇长 100，副镇长 50，四十村的女村长 40，六十村的村长 60，还有警察局局长 70，文化局局长 80 和财政局局长 90。

八戒很快就发现了问题："哎，他们的长相，怎么都像我们的老朋友呢？"

悟空和沙僧仔细一看：真的是这样！女村长 40 像 4 小姐，相貌清秀、气质优雅；副镇长 50 戴个大墨镜，特别像墨镜哥 5；再看 60、70 和 90，他们的脸形和气质，也分别像胖 6、拐 7 和 9 爷爷，只是身体大了一号。

悟空很纳闷："为什么会这样呢？"

沙僧说："想想他们是怎么来的……9 爷爷教过我们位值记数法，在 1 后面加个 0，就是 10，表示 9+1；在 2 后面加个 0，就是 20，表示 19+1……"

"照这个道理，3 后面加个 0，就是 30，表示 29+1；4 后面加个 0，就是 40，表示 39+1；5 后面加个 0，就是 50，表示 49+1；6 后面加个 0，就是 60，表示 59+1……"

没等八戒说完，悟空就说："哈哈，我知道了，在 1 至 9 后加上 0，就是这些数，所以他们像原来的数字，但是大了一号！"

沙僧点点头："有道理，因为他们表示的数量多，就大了一号。"

"那他们之间的关系有什么变化呢？"悟空喜欢研究事物之间的关系，这是他的窍门，有了这个窍门，他学习的速度就比别人快。

沙僧说："当然有变化！原来是 3 比 2 大 1，现在是 30 比 20 大 10，原来 5 比 7 小 2，现在是 50 比 70 小 20。"

悟空接着问："为什么会这样呢？"

沙僧说："道理很简单，同样一个数字，在十位

上和在个位上的含义是不一样的——这不正是位值记数法的精华吗？"

八戒刚才被悟空打断，有些不高兴："我还没说完呢！7后面加个0就是70，表示69+1；8后面加个0，就是80，表示79+1；9后面加个0，就是90，表示89+1。现在……"这时，八戒笑了，而且笑得很诡异："我问你们俩，99+1该怎么表示？"

悟空和沙僧被问住了：这还真是个新问题！

还是沙僧冷静，他说："咱们还玩盒子游戏，从简单的开始。9+1就是表示个位的盒子已经有9颗珠子，还

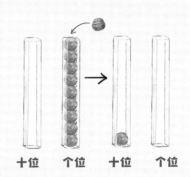

要加 1 颗珠子，但这个盒子最多能装 9 颗，所以只好拿 1 颗珠子，放进表示十位的盒子，再把个位的盒子清空，这就是 10……"

悟空说："可是，如果十位和个位盒子里已经各有了 9 颗珠子，我要再加一颗珠子，应该怎么办？"

沙僧说："这种情况就是 99+1，按同样的方法，应该还有一个盒子，在十位的盒子的左边，往这个盒子里放进 1 颗珠子，再把十位和个位的盒子清空，可这么操作后，得到的是什么数呢？"

悟空说："三个盒子，只有最左边的有一颗珠子，其余的都没有。如果用数表示，就应该是 100，只是，它怎么读呢？"

沙僧说："咱们在一百镇，难道这 100 读作……一百？"

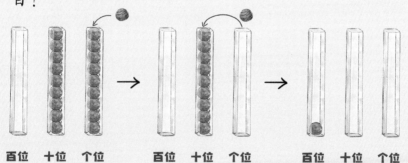

百位　十位　个位　　　　百位　十位　个位　　　　百位　十位　个位

这时唐僧径直走过来，拉着三人来到镇长面前说："镇长，这是我的三个徒弟……"

镇长连忙拱手作揖："早就知道三位的大名，今

数学西游

日幸会！"

这时悟空满脑子还都是 99+1 等于几呢，于是他又开始提问了："镇长，99+1 等于多少？还有，您的数是一百吧，它怎么写？"

镇长愣了一下，他没想到悟空会问这些，于是笑着说："99+1 就等于一百，也就是 100！"

悟空和沙僧互相看看，开心地笑了：嘿，果真和我们猜的一样！

话音未落，只听副镇长 50 喊道："大家快来看，有情况！"

二十、恐怖的字条

人们听见副镇长50的喊声，都跑进镇政府大楼，进了楼就看见：一楼的告示栏上插着一把明晃晃的小刀，刀上扎着一张纸条！

气氛顿时很紧张，大家都屏住了呼吸。悟空的胆子大，上前拔下那把刀，打开纸条。

大家凑到跟前，看到纸条中间画着两个互相交叉的炸弹，炸弹上面写着三个字：明天见！炸弹下面有几行符号组成的交叉算式：第一行是算式〇－〇=8，在这行算式两个圆圈下面各有一个加号，再一行是算式〇＋〇=10，这行算式两个圆圈下又各有一个等号，两个等号下面各有一个数，分别是12和6。纸条的最下面有一行字：没数帮超罗。紧接着还画了一个小笑脸！

警察局长70皱起眉头："超罗又要放炸弹了！"

副镇长50很无奈："放在哪里了呢？每次都找不到！"

唐僧指着纸条上的圆圈说："这应该是提示，把它们破译出来，就能知道炸弹在哪儿了。"

镇长听后，突然转身，对着唐僧深深鞠了一躬："唐长老，这件事只能麻烦您了！"

其他人看到镇长这么做，也都一起给唐僧鞠躬："麻烦唐长老了！"

他们把所有希望都寄托在了唐僧师徒身上。因为作为数，他们不会推理和想象，所以很难破译出纸条上的提示。

唐僧说："各位不必客气，帮助数学世界，是我们应该做的，我们一定会尽全力！那就先找一间屋子吧，我们尽快开始工作。"

于是，师徒四人被领进一间小会议室。刚进门，悟空就开始提问了："师父，这究竟是怎么回事？没数帮是什么？超罗又是谁？他们为什么要放炸弹？"

唐僧说："没数帮是一伙专门搞破坏的人，是数学世界的敌人。超罗是没数帮的一个小头目，放炸弹是为了破坏数学世界。"

八戒摊开双手："这好好的……为什么要破坏呀？！"

沙僧也说："是呀，所有人都有饭吃，有事干，多好！"

唐僧没有回答，反而问道："还记得数学世界是怎么来的吗？"

沙僧说："你说过，数学世界是人类发现和创建的呀！"

唐僧说："没错，数学世界其实是人类大脑思考的结果，这些结果汇集在一起，就是各种符号与规则。谁的大脑在思考呢？有数学家、工程师，还有学生、老师等很多人，他们都热爱数学，盼望着数学世界越来越好。"

三个徒弟一起说："我们也热爱这里！"

"你们热爱我知道，可还是有一些人讨厌数学，盼望数学世界毁灭。这些人的想法汇集起来，就产生了没数帮。没数帮是一个破坏组织，专门破坏数学世界。"

悟空不相信："怎么会有这样的人……"

唐僧说："当然有，比如有些人就认为多少都一样，数大数小也都一样。如果让他们做饭，他们会说：

两碗米和三碗米都一样，加一瓢水和两瓢水也都一样。结果呢，做的饭有时硬，有时软，有时多，有时少！"

八戒笑了："哈哈，这也太没数了，还不如我呢！"

唐僧接着说："让这些没数的人做饭，咱们还能忍，可要是让他们给病人看病，就会捅出大娄子！"

沙僧没反应过来："为什么呀？"

唐僧说："给病人治病，就得打针吃药。可是，打一针和打三针能一样吗？"

"不一样！打一针可能正好治病，打两针就可能有过量反应了，打三针，很可能让人有生命危险了，这个我知道！"悟空这么说，是因为他用望远镜看医院时，听到了医生说的话。

八戒和沙僧一起瞪大了眼睛："真不一样啊！"

　　唐僧继续说："认为多少都一样的人太多了，所以呀，没数帮的老大叫'豆一样'，人称'差不多'。"

　　三个徒弟一起笑了："哈哈哈，因为没有数，所以都一样！"

　　唐僧很严肃："你们别笑，他可是个杀人不眨眼的家伙！"

　　悟空不服气："有这么厉害？他会什么功夫？"

　　唐僧说："他能变出很多等号，你们还记得数字五兄妹的表演吗？数学世界中，有自动检查算式对错的功能。"

　　沙僧抢着说："对呀，如果一个算式错了，算式里的符号就会——全废掉！"

　　悟空说："我知道，数学世界的规则比金箍棒

还硬！"

唐僧说："如果豆一样遇到两个不同的数，比如3和4，他会悄悄变出一个等号，放在两个数中间。"

沙僧不明白："3=4？这肯定是错的！"

悟空说："他故意的！"

唐僧点点头："是故意的，接着，豆一样再连着念3句'都一样'，3和4就会受伤！"

三个徒弟都惊呆了：还有这样的破坏方法！

八戒很气愤："哼，这家伙，真够坏的！"

悟空转转眼珠："我有个办法，只要发现他，就冲上去捂住他的嘴，不让他说话！"

沙僧说："那你得先发现他呀……"

悟空问："那还不容易！只要知道他的长相，我一看就知道了！"

唐僧直摇头："可豆一样会化装，每次干坏事儿，他的模样都不同……"

悟空有些泄气："那……可怎么办？"

唐僧说："别急，到最后，一百镇想出个好办法！"

三个徒弟一起问："什么办法呀？"

唐僧说："豆一样和他的徒弟们有个致命缺陷，就是对数量完全没感觉，分不清多少，更不会计算！要么算不出来，要么算错，因为他们觉得所有的数都是一样的。"

悟空说："哈哈，那就设一个关卡，让每人都算一下？"

唐僧说："是呀！数学世界里的数都会基本运算，所以只要考加减法口算，就能辨别出豆一样和他的徒弟们。自打用了这个办法，没数帮损失惨重！"

悟空说："既然这个办法灵验，没数帮早该被消灭了，怎么还会有呢？"

唐僧说："没数帮还有两个头目，老二叫梅计划，老三叫吴逻辑，好像这两人和他们的徒弟还会一些计算，所以总是有漏网之鱼，不能彻底消灭没数帮。"

八戒笑着说："哎，没计划？就是做事没有计划？"

沙僧也笑了："对呀，无逻辑，是做事不讲逻辑？"

唐僧说："梅计划的'梅'是梅花的'梅'，吴逻辑的'吴'是口天'吴'。"

三个徒弟却大笑起来："听听这名字，就不会太聪明！"

"可不能小瞧他们！据说这三人还有个本事：他们能钻到游客的鼻子中，再侵入游客的大脑，这样，游客就被他们控制了！"唐僧更加严肃了。

八戒说："游客？游客是谁？"

悟空拍了八戒一巴掌："就是咱们几个呀！"

八戒又开始哆嗦了："哎呀妈呀，这回可真要命了，咱们快跑吧！"

沙僧也说："生不如死呀……恐怖！"

悟空激动地站起来："这不是我的招数吗？抄袭！可耻！想当年铁扇公主就是这样被我制服的……"可是，他的声音却越来越弱，因为悟空想到，自己钻进去的不过是人的肚子，而他们钻进去的却是人的大脑，想想就可怕！

唐僧说："别害怕，只要戴好口罩，他们就钻不进鼻子里。最重要的是，你们自己的大脑要足够强，这样他们即使能钻进鼻子，也进入不了大脑。"

悟空问:"怎样才能让大脑变强?"

唐僧瞪大了双眼,歪着头看着悟空说:"我早就说了,要认真体验、反复练习,还要八方联系、解决问题!"

二十二、逻辑是什么

　　悟空听了师父的话，挠了挠头："好吧，那咱们就从炸弹问题开始？"

　　这时八戒问："师父，超罗是谁？他为什么要放炸弹？"

　　唐僧说："开始时，没数帮折腾得欢，后来，数学世界做好防范，设置关卡考口算，这下子，让没数帮老实了好一阵儿。"

　　悟空问："现在呢？难道他们想凭炸弹东山再起？"

　　唐僧说："他们已经东山再起卷土重来了。没数帮有个小头目叫超逻辑，外号超罗。他思想激进，手段狠毒，专门在人多的地方放炸弹，让数学世界损失惨重！"

　　沙僧不明白："他为什么要这么做呀？"

唐僧说："他是想让数学世界中守法的符号们知道，即使守规矩、有逻辑，也在劫难逃，还不如像他们一样——搞破坏呢！"

沙僧很不理解："这是什么道理？！"

唐僧指着桌上的纸条说："这就是他的杰作，只有会推理的人，才能破译出来。如果我们不在这里，这颗炸弹不知又会害死多少人！"

八戒吸吸鼻子："唉，超罗这是欺负人！"

悟空已经按捺不住了："师父，什么叫推理？还有，逻辑是什么？快说说！"

唐僧笑了："就知道你会问。正好时间来得及，我就全都讲给你们听。"沙僧赶紧拿出纸和笔，准备记录。

唐僧说："逻辑就是思维的规律。比如八戒就是八戒，不会是悟空，也不会是沙僧。再比如桌子上有一张纸条，有就是有，没有就是没有，不存在中间状态。像这些人类思考问题时，要遵守的最基本的规律，就是逻辑。"

悟空问："要是人没有逻辑，会怎样？"

唐僧说："没有逻辑，就是不遵守基本规律，比如说悟空是沙僧，沙僧是八戒。怎样，有什么感觉？"

沙僧很抓狂："太不靠谱了！"

二十二、逻辑是什么

数学西游

唐僧笑了，继续说："做事没逻辑，就是不考虑原因和结果，比如你饿了，不去吃饭，却要去换衣服。"

八戒很肯定地说："这是乱来啊！"

唐僧点点头："所以呀，这没数帮中，数吴逻辑最搞笑，做事总是有头无尾！"

悟空问："他都做过什么事？"

唐僧说："听说有一次，豆一样让吴逻辑找个地方，好让小弟们烧烤聚会，要求不能有人打扰。你们猜他怎么做的？"

三个徒弟一起问："怎么做的？"

"他居然派人运了几车臭臭的垃圾，撒在公园里！他说这样就没人去公园了，也就不会有人打扰了，可是那么臭，小弟们怎么烧烤呢？"

三个徒弟哈哈大笑，沙僧说："这是他没考虑结果！这也算没有逻辑？"

唐僧说："当然算！不考虑原因和结果，就是不尊重规律，就是没逻辑的表现。"

悟空又问："可是吴逻辑做事这么差，怎么能当上没数帮的老三呢？"

唐僧说："我也是听说的，他有个绝门功夫——辩论厉害，谁都辩不过他。"

沙僧问："为什么？他的嗓门大？"

八戒也疑惑："他的力气大？"

唐僧说："都不是！原因很简单，他根本不和你讲逻辑！据说如果遇见他，千万别和他说话，只要一说话，就被他带到沟里了。"

悟空说："有这么强？不可能！"

唐僧说："我再举个例子。假如我说昨天我们在五形村，他会说胡说，你们昨天明明在几何国！"

沙僧说："可五形村就是几何国的呀！"

唐僧说："他不跟你讲逻辑呀！"

沙僧快疯了："噢！老天，这不是胡搅蛮缠吗？"

唐僧说："所以你就被他带到沟里了呀！"

还有这样的人？真不敢相信！沙僧痛苦地捂住了脸，悟空用拳头敲自己的头，八戒赶紧说："得了，咱们还是解决炸弹问题吧！"

二十二、逻辑是什么

二十三、推理的秘诀

　　唐僧却说："徒儿们别急，听我讲完再解决问题，我还没讲推理呢！"

　　沙僧问："什么是推理呀？"

　　八戒说："推理？就是推推土，再理理发？"

　　悟空又拍了一下八戒："理解力太差了，推理是把一个东西推到另一个东西里面！"

　　唐僧说："你们俩别闹了，听我说！**推理就是根据已知的判断，推出新的判断**。比如八戒比悟空高，这是已知的判断，从它我可以推出一个新的判断，即悟空比八戒矮……"

　　悟空插话道："咦，这不是一回事吗？"

　　唐僧说："这只是最简单的例子！你们是新手，就要从简单的开始。不过……你们也不算新手了，比如 9+1 和 99+1 怎么表示，没人告诉你们，你们就能猜出是 10 和 100，这就是推理出来的！"

三个徒弟听了很高兴："哈哈，原来这就是推理！"

唐僧说："对呀，找规律也是在推理，破铁板阵也得用推理，其实推理就在我们身边。"

沙僧说："就是说，推理很重要了？"

唐僧说："那当然，学数学就要学推理，要是不会推理……"

八戒说："就有点儿傻，就像那些数！"

唐僧白了八戒一眼："可不能这么说，数学世界中，各有各的角色，但作为游客，要是不会推理，数学就算白学了！"

"那到底怎么推理？有秘诀吗？"悟空对秘诀特别有兴趣。

"秘诀倒有一个，就是怕你们做不到：新手在推理时，不仅要把已知的判断全写出来，推出的新判断，也要随时写出来，这样才容易成功。"

八戒却说："师父，你都说我们不是新手了，还需要写吗？"

唐僧摇摇头："你试试就知道了！"

悟空又问："师父，我还有个问题，逻辑和推理有什么关系？"

数学西游

唐僧拍拍手笑道:"问得好,就等着这个问题呢!推理推理,这个'理'字是什么意思呢?就是推的时候要合情合理,这情和理就是逻辑,换句话说,推理时要运用逻辑,也要符合逻辑。"

悟空说:"要是不符合逻辑呢?"

唐僧说:"不符合逻辑就是不遵守规律,推理就成了胡搅蛮缠!比如不在五形村在几何国那个例子,还记得吗?"

三个徒弟明白了逻辑和推理的关系,纷纷点头并露出微笑。

唐僧说:"好了,时候不早了,你们解决问题吧!"

悟空挠挠头:"师父,你刚才还在外面说'我们一定会尽全力'……怎么现在成了'你们'呢?"

唐僧却不管那么多,伸了个大懒腰:"讲了这么多,好累呀,我得先睡一会儿……"说完,他就一头趴在了桌上!

三个徒弟你看看我,我看看你:这这这……师父也变得太快了吧?!不过他们也明白了师父的意思:这是在故意考验他们呢!于是,三人开始了讨论。

沙僧说:"我们应该把和是6、10、12,还有差是8的所有算式写出来,再一个一个地试,看能不能满足这几个算式……"

悟空说:"这太费事了吧?总共有几个算式?"

沙僧说:"四个算式呀!"

八戒说:"四个,还得同时满足!好难哪……我也累了……"说着他也要往桌子上趴。

$$\bigcirc - \bigcirc = 8$$
$$+ \quad +$$
$$\bigcirc + \bigcirc = 10$$
$$\| \qquad \|$$
$$12 \qquad 6$$

悟空急了,指着八戒说:"你要是敢睡觉,就别想再借望远镜!"

八戒赶紧伸直了腰:"好吧好吧,我精神着呢!"可他还是困,于是站起来,在屋子中间来回地踱步。

沙僧突然想起了秘诀:"师父说过,新手要把已知的判断写出来……"

悟空有些不耐烦:"咱们早就不是新手了,不用写!"说完他就捂着脑袋,盯着纸条看。

沙僧不想惹悟空不高兴,于是也盯着纸条看。然而两人看了好久,看得两眼发直,却什么想法都没有。

怎么办呢?

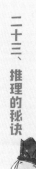

二十四、破译出密码

　　时间过了好久，还是没有进展，沙僧也不管悟空怎么想了，拿起笔在本子上写出四个算式：

　　（1）左上 + 左下 =12

　　（2）右上 + 右下 =6

　　（3）左下 + 右下 =10

　　（4）左上 - 右上 =8

沙僧写完，把本子推向悟空："这是我们已知的所有判断，大家看看吧！"

　　悟空看了半天，却没有任何想法，正有些后悔呢。沙僧这么说，算是给他个台阶下，他就凑到本子旁，看了一会儿后，果真有了灵感！

　　悟空说："从算式（1）和算式（2）能推出，这四个数的和是18，对吧？"

"对呀！我怎么没想到呢？"沙僧边说，边写下算式（5）：

（5）左上 + 左下 + 右上 + 右下 =18

接下来呢？悟空和沙僧又卡住了。

这时，走来走去的八戒停下来，凑到本子前，看了看，说："这么说，上面两个数的和就是8了？"

悟空问："你怎么知道？"

八戒说："算式（5）说明四个数的和是18，而算式（3）说明下面两个数的和是10，那上面两个数的和就是18-10=8了呗。"

"噢，老天！咱俩怎么没想到呢?！"沙僧有些激动，写下算式（6）：

（6）左上 + 右上 =8

这句话提醒了悟空，他心里问自己：为什么八戒能想到？他用了什么方法？

悟空想了一会儿，终于明白：八戒能想到，是因为他把两个算式放在一起看，我刚才能想到，也是这么做的，对，把两个算式放在一起看，应该是个好办法，我再试试！于是他的目光落在了算式（4）上……

突然，悟空哈哈大笑："快看，把算式（6）和算式（4）放在一起，会推出什么？"

数学西游

沙僧边看边说:"算式(6)的含义是两个数的和是8,算式(4)的含义是两个数的差也是8。老天,这两个是什么数哇?"

悟空说:"这还不简单——一个数是8,另一个数就是0!"

沙僧高兴得直拍大腿:"太好了,咱们做出来了!"

八戒也很高兴,一下扑到沙僧身上,本想来个拥抱,沙僧却没防备,于是两人一起倒下,把桌子压翻了!这下唐僧可惨了,他本来趴在桌子上睡觉呢,现在桌子倒了,整个身体直直地扑向地面,摔了个满脸花!

唐僧睁开双眼,发现自己趴在地上,又觉得脸

隐隐作痛，摸一摸，黏糊糊的，再一看，竟然是血！这时悟空连忙跑过来，把他扶到椅子上。

唐僧坐下后，咬牙切齿地说："你们这些淘气包，看我睡觉眼馋，是吧？！"

"不是呀，师父，是这样的，我们做出来了！"八戒知道闯了祸，赶紧爬起来，拿出一块毛巾，蘸了点儿水，给师父擦脸。

沙僧也站起来，把桌子放好后，又把答案写在本子上：左上是8，右上是0，左下是4，右下是6。写好后，他把本子递给师父看。

唐僧又高兴了："不错呀，怎么猜出来的？"

悟空很得意："这可不是猜的，是我们——推理出来的！"

"对，推理出来的！我们推理时，还用了逻辑呢！"八戒也很得意，虽然他正忙着给师父揉肩捏背呢。

沙僧指着本子上的六个算式，连连点头："师父，你的秘诀真管用，把它们写出来，就有了灵感！"

说到秘诀，悟空都恨不得跳起来了："现在我也有秘诀了！"

八戒和沙僧一起问："什么秘诀？"

悟空说："哈哈，就是要——几个算式一起看！"

二十四、破译出密码

105

数学西游

　　唐僧说:"好,能自己总结规律了,进步很大!既然破译出来了,就赶紧想想,这几个数到底是什么意思呀?"

　　三个徒弟本想,师父摔了个大跟头,得冲他们发火呢,没想到师父没追究!于是齐声回答:"好嘞!"

二十五、炸弹在哪里

8、0、4、6这四个数到底是什么意思呢？纸条上已经写了时间，这四个数很可能是地点。但要想知道地点，就得看地图。

于是悟空去找镇长。可他推开门，却被吓了一跳：门口站了一群人！他们都是刚才在镇政府门口的人，因为太着急了，一直站在门口等着结果。

站在最前面的是镇长，他见悟空出来，小心翼翼地问："搞定了？"

悟空拍拍胸脯："那当然，这只是小意思啦，简单得很！快拿地图来！"

很快，在大会议室的桌面上，铺开了一张地图。师徒四人站在桌前，大家站在周围，一起看地图。从地图上看，一百镇坐落在山间的一块平地上，小

镇方方正正，规划得很好。横着有 5 条大街，分别是 10 号、30 号、50 号、70 号和 90 号大街，竖着有 20 号、40 号、60 号、80 号和 100 号路。

四人看懂了地图，再想想破译出来的 8、0、4、6，按照惯常从左到右读过去，就是 80 和 46。仔细一看，80 号路上正好有个门牌号是 46 的一个超市，叫数数超市。

悟空指着地图上的超市说："炸弹可能会在这儿。"

警察局长 70 说："前几次，炸弹都放在人多的地方。另外，超罗还有个特点，他为了显示自己聪明，干坏事儿前一定会提示，提示的就一定会做到。"

三个徒弟一齐说："那应该就是这里了！"

财政局长90说："其实这里离我们不远，拐个弯儿就到，对了，我记得，明天超市还有大促销……"

镇长一拳头砸在桌子上："这要是爆炸了，得死多少人！？坏蛋！"

副镇长50说："那就通知超市，明天不要营业了？"

悟空连连摇头："他们明天不放炸弹，后天还会放，咱们怕事，敌人就会更猖狂！"

警察局长70说："那就正常营业？"

悟空说："当然，咱们布好天罗地网，只怕超罗明天不来！"

八戒说："你们不知道，我们大师兄可从来没做过缩头乌龟！"

沙僧说："关键是，他们会把炸弹……放在哪里呢？"

唐僧说："要想明白这件事，就得换个角度思考。"

沙僧没听懂："师父，什么是角度？"

唐僧说："角度就是……算了，我直接问你吧。假如你是坏蛋，你去超市放炸弹，会怎么做？"

"放储物柜里！"八戒这么说是因为他用望远镜看过人间的超市，知道超市是什么样子。

悟空说："那就重点检查放在储物柜里的东西。"

警察局长70说："我派一队警察，在储物柜前检查！"

"等等！再想想……我揣着炸弹，看到储物柜前有人检查，肯定要主动躲开……那放在哪里呢？对了，可以放在超市的角落，最好藏在商品中！"八戒思考时很投入，真把自己当成了坏蛋，所以收获也大。

悟空想了一会儿，说："要防止炸弹放在超市角落或商品中，就得检查所有进超市的人，还有物品！"

警察局长说："我再派一队警察……"

唐僧插话道："为什么不在超市入口，来个全面检查呢？"

大家听后一起笑了："对呀！我们怎么没想到呢？"

镇长说："好，明天所有警察都集中在超市门口，挨个儿检查。炸弹进不去超市，看他怎么办！"

悟空却说："还有，明天我们三人也参加行动！我们可以扮成顾客，观察可疑的人。"

大家都很感动：这师徒四人真是帮大忙了！

可八戒却在不停地念叨："我是超罗……我要……我会……"突然，八戒大声地说，"咱们三个不应该是顾客，要做收银员！"

大家一起看着八戒问："为什么呀？"

二十五、炸弹在哪里

二十六、做个收银员

　　八戒趴在悟空和沙僧的耳朵上，小声地说了一通，悟空和沙僧一边听，一边点头："嗯，嗯，好，就做收银员了！"

　　唐僧说："收银员得认识钱，还得会找钱，你们能行吗？"

　　三个徒弟齐声说："还不太行，但可以学呀！"

　　唐僧说："好吧，晚上我教你们！"

　　接着，大家又讨论了一些事，完善了明天的计划。随后，师徒四人回到旅店，继续学习收银的知识。三个徒弟热情高涨，毫无困意。想想也是：这是他们在数学世界中第一次有机会大显身手，怎么会不努力呢？

　　于是，唐僧开讲了："数学世界中收银使用的是人民币，人民币的单位是元，辅助单位有角、分。"

悟空又开始提问了："师父，什么叫单位？"

唐僧说："要详细讲单位的含义，我得说到明天早晨。现在时间来不及了，你们就记住：最小的钱是 1 分，10 个 1 分等于 1 角，10 个 1 角等于 1 元。"

三个徒弟心想：这有什么难的！他们早就会用钱了。在五形村，他们就买过本子和笔。还有吃饭和住宿，也得花钱。

唐僧看到三人不屑的表情，提醒他们说："我知道你们想学怎样找钱，但只有弄明白元、角、分之间的关系，才能计算！"

三人没听懂，露出茫然的眼神。

唐僧只好说："我举个例子，现在我要买一袋 1.9 元的酸奶，给你们 20 元，应找给我多少钱？"

三个徒弟彻底蒙了，你看看我，我看看你：他们会算 20-1=19，可是这 1.9……怎么算？

唐僧笑了："这 1.9 元的意思就是 1 元 9 角，我先用 20-1=19 元，这样，问题就变成了 19 元减 9 角还剩多少钱，对吗？"

"对呀！"三个徒弟都点头答道。

唐僧又说："可如果两个数的单位不一样，就不能直接做减法。"

沙僧问："那怎么办哪？"

唐僧说："我从 19 元中拿出 1 元，再把这 1 元变成 10 角，这样，19 元就变成了 18 元 10 角，对吧？"

悟空拍手笑道。"我知道了。10 角减 9 角等于 1 角！"

沙僧说："加上原来的 18 元，得数就是 18 元 1 角。"

八戒说："师父，你太棒了！"

唐僧看了他一眼："怎么样，知道了不同单位的关系，才能计算吧？"

三人都心服口服，不住地点头。

唐僧说："对这个事儿，你们有什么想法，或者问题？"

过了一会儿，八戒最先说话："单位之间的关系很重要。"

沙僧说："找钱的时候，如果是同一个单位，就直接用减法算，比如 20-1=19（元），不是同一个单位，就得先换算成相同的单位，比如前面说的，把 1 元换成 10 角，再用减法算。"

唐僧说："好！把 1 元换成 10 角，叫单位换算。单位换算是基本功，要是不会，你就寸步难行。"

这时悟空说："师父，我还有个方法。"

唐僧很感兴趣："好哇，你来说说！"

悟空说："先把20元拆成18元和2元，再把2元转换成20角，这样，20元就变成了18元20角。"

八戒问："这和刚才的方法有区别吗？"

悟空说："你听我说完，酸奶1.9元，可换算成19角，然后我用20-19=1（角），这样，找给顾客的钱就是18元1角！"

沙僧想了想，说："大师兄把酸奶的价钱全换算成角，这样倒是简单些。"

"好！"唐僧赞赏道，"用多种办法实现同一个目标，就叫一题多解。学习数学必须追求一题多解，只有这样，才会越来越聪明！"

沙僧问："为什么呀？"

唐僧说："以后我再讲为什么，你们先练习吧。"

于是，三个徒弟又做了很多练习，直到能熟练地找钱时才去睡觉。此时，已是深夜了。

二十六、做个收银员

二十七、问题在哪里

"您好，欢迎光临数数超市！"三个徒弟站在收银员的位置上。他们早早来到超市，经过简单培训，就开始收银了！

不过，这里的收银员可不好当，因为算术国的数天生都会计算，所以超市里根本没有计算器，全靠收银员心算！幸亏三人有备而来，加上超市刚开始营业，结账的顾客不多，他们可以慢慢熟悉。

这个超市只有一层，整体呈长方形。入口在长方形的右上角，出口在右下角，储物柜和服务台在最右边。顾客从入口进，经过储物柜，往右拐，就进了选货区。选好货后，要从三个收银台出来，出来后对面是服务台。往右拐，就到了出口，出口外面是停车场。

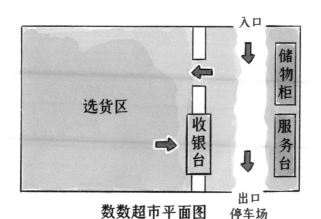

数数超市平面图

入口处有很多顾客，警察也集中在入口，进行安全检查。出口处却没什么人，只有两个保安在维持秩序。

收银台离出口很近，收银员一抬头就能看到出口。三个收银台中，悟空离出口最近，八戒最远。悟空站好后，对自己的位置很满意，他转过身向八戒点点头，沙僧也对八戒竖起大拇指，八戒眨眨眼，得意地笑笑。

他们的师父呢？唐僧假扮成顾客，在选货区闲逛呢！

快到中午时，顾客越来越多，收银台前排起长队，三个徒弟忙得满头大汗，但再忙，也时不时抬头看看。看什么呢？他们在观察出口呢。

这时，八戒的收银台前来了一位顾客，他留着一撮小胡子，他买的是两箱汽水，一箱汽水44元，

这人给了八戒100元。八戒正在找钱呢，那人却推着购物车走了！

八戒手里拿着12元钱，说："别走哇，给您钱！"

那人头也不回，说了一句话："都一样，送你了！"

"嗯？没数帮！"八戒马上想到了豆一样，他向悟空喊道，"大师兄！"

悟空转过身，八戒对他使了个眼色，又指指小胡子，悟空明白了，紧盯着那人。眼看那人走到出口，又进了停车场，一切都很正常。悟空松了一口气，低头继续收银。

可是，等悟空再抬头时，就发现了问题：小胡子又推着购物车，回到了出口！保安拦住了他，他说：

“我买错了，要回去退货！”

保安看看购物车，里面有两箱汽水，汽水是纸箱包装的。保安见包装完整，就觉得没问题，挥挥手，让他进来了。

就这样，小胡子竟然从出口进入了超市！他面无表情，推着车，慢慢走向服务台。

悟空心说：危险！他放下手中的活儿，快步走到小胡子身后，猛地拍他一下，说：“先生，您是要退货吗？跟我来吧！”

说完，悟空拉着小胡子就往出口走，小胡子的脸涨得通红，拼命挣扎：“我什么都没带！”

悟空一听小胡子的话，心想就是他了！因为正常人会说：“我要退货！”或者：“你要干什么？”而绝不会说：“我什么都没带！”他这么说，只能说明他带了。

于是，悟空向前一跳，抱住小胡子。他虽然没有神通，可还有一身力气呢，而且力气大得很！小胡子丝毫不能动弹，甚至喘气都困难。这时八戒和沙僧也跑了过来，悟空说：“检查一下这两个箱子！”

八戒撕开上面的纸箱，里面滚出了汽水瓶；沙僧撕开下面的纸箱，里面却滚出一个铁疙瘩。铁疙瘩上绑着计数器，上面有红灯一闪一闪——这是定

时炸弹！

　　看到炸弹，三人却毫无惧色，因为他们三个早都身经百战了！

　　悟空大喊："去停车场！"说完就用胳膊夹着小胡子，往出口跑去；

沙僧抱起炸弹紧跟在后；八戒在旁边保护，赶走其他顾客："有危险！快叫警察！"

二十八、冒险拆炸弹

　　三个徒弟跑得飞快，一眨眼就穿过停车场，在一片空地上停下。沙僧把炸弹轻轻放下，开始研究炸弹。悟空把小胡子塞给八戒："你看好他，我俩拆炸弹！"八戒也不推辞，伸出胳膊夹住小胡子，退到旁边。

　　当悟空趴在地上，仔细看那炸弹时，沙僧已经看明白了，红灯闪烁，是因为上面的计数器在工作，而计数器是一块倒计时的表，就说："大师兄，还有10分钟！"

　　悟空听后信心十足："放心吧，来得及！"

　　他俩很快发现，计数器旁边有一个小牌，上面有个表格，里面是密密麻麻的算式。

　　表格下面还有一行小字：要安全，找60。悟空

数学西游

和沙僧愣了：这是什么意思？不过，这至少说明，60 这个数是很重要的线索！既然表格里都是算式，那就先算一算，看看得数吧！沙僧算得快，不一会儿，他就发现了规律：如果把得数是 60 的格子都连在一起，会生成一个图形！是什么图形呢？

于是，沙僧掏出一支笔，把得数是 60 的格子全涂上颜色，最后显出一个图形：两边是竖线，而中间有一个叉——这又是什么意思呢？

10+10	90-80	30+70	40+50	30-10	30+50	70-60	10+40	90-70	60-40	30+20
80-30	40+20	50-40	10+50	20-10	30+70	90-50	70-10	30-20	50+10	80-60
10+30	70-10	10+70	20-10	90-30	70+10	20+40	50+30	50-30	80-20	10+60
40-20	30+30	60-50	40+50	80-10	20+40	40+40	60-30	30+10	60+0	80-30
20+60	90-30	30+10	90-20	80-20	50+40	90-30	20+30	90+10	30+30	90-10
70-40	50+10	40-30	10+50	70-60	40-20	50-20	40+20	40+30	60-0	30+60
20+20	90-20	80-10	50+20	90-60	60+10	20+70	80-50	20+50	70-50	10+20

这时悟空看到，计数器和铁疙瘩之间连着三条电线。他立刻明白了：要安全，找 60，而得数是 60 的格子组成的图形——中间是个叉，那就把中间的电线剪断！

"看你往哪儿跑！"悟空拿出一把钳子，剪断中间的电线。可他万万没想到，计数器不但没停，反而响起急促的嘀嘀声，计数器上的时间也瞬间变成了10秒！也就是说，10秒后，炸弹就会爆炸！

与此同时，在计数器屏幕的下部又多出一行字，前面是"请确认80-25"，后面是"80-30"。两个算式中间不停地闪着大于号和小于号。

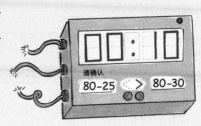

这时二人注意到：符号的下方还有两个小按钮！一个按钮上有大于号，另一个按钮上是小于号。悟空说："这是要比大小！"

此时的沙僧，内心已经绝望了：这种复杂的两位数减法，他根本不熟悉！可是出于战士的本能，他还是拿起笔，准备计算80-25。

小朋友们会问了：二人拔腿就跑——可以吗？

答案是不可以，因为只有几秒了，根本来不及！

关键时刻，悟空大喝一声："就是它！"并按了一下大于号按钮，符号变成了大于号。

话音未落，倒计时已经变成了1，沙僧痛苦地闭上眼睛：是福是祸，就看下一秒了……

嘀嘀声停止了，接下来，没有爆炸的巨响，反而很安静！沙僧睁开眼睛，看到红灯不闪了，计数器的屏幕也黑了。悟空笑着说："好啦，沙和尚，危

险解除了！"

沙僧心里疑惑："你是怎么算出来的，竟然……
这么快？！"

悟空眨眨眼："这不用算，道理很简单，被减数
一样，减数越小，差就越大！"

沙僧狠狠拍了一下脑袋："真巧妙，我怎么就没
想到！"

悟空说："看来超罗不但会推理，也会计算，要
不然，搞不出这么吓人的玩意儿！"

沙僧说："是呀，一个炸弹竟然有两道关卡，先
判断剪哪根线，再确认一下！"

这时再看两人：一个跪在地上，一个趴在地上，

都是一身冷汗，浑身发软，根本看不出英雄的样子。不过，这也很正常：英雄也要注意生命安全哪！虽然他俩忘记了，在数学世界里，游客是没有生命危险的，可谁又甘心被炸弹炸呢?！

就这么缓了一会儿，他俩才恢复正常，慢慢站起来。这时跑来一队支援的警察。悟空把炸弹交给警察后，就去找八戒，可奇怪的是：找不到八戒了！再回超市找师父，师父也不见了！

二十八、冒险拆炸弹

二十九、推理出地址

　　八戒夹住小胡子后，就专心看悟空和沙僧拆炸弹。看到二人排除了危险，他终于松了口气，这时又想起小胡子，可低头一看：糟糕，人没了！

　　八戒慌了，立刻四处张望，刚好看见小胡子往远处跑呢！八戒抬脚就追，心想一定要追上！因为三人昨晚就商量好了，今天要捉住超罗，再找到制作炸弹的基地，彻底解决问题！

　　可是，他太胖了，跑得慢，眼看超罗越跑越远，八戒正要放弃追赶准备挨猴哥的臭骂呢，不料，身后突然传来"突突突"的声音，并蹿出一个巨大的黑影！再一看，这黑影竟是一辆农用三轮车，开车的是师父唐僧！唐僧大喊："快上车！"

　　八戒大喜，腾的一下子就跳到三轮车上，差点

儿把车子压翻。还好，车子只颠了几下就继续前进。
有了三轮车，他们很快就追上了小胡子。八戒看准
距离，从车上跳下来，一个猛虎扑食，把小胡子扑
倒了！

　　八戒压在小胡子身上，慢慢缓过神来。小胡子
却受不了了，断断续续地说："饶命……我快被压死
了……求求你……"

　　于是，八戒站起身来，厉声喝道："快说，谁让
你来的？他们在哪里？"

　　小胡子哆哆嗦嗦地从衣兜里掏出一张纸条，说：
"这是地址，我完成任务后，要去这里……"

八戒打开纸条，看到上面写着四个字——"联络地址"。再往下，画了四个信封，每个信封的上下左右各有四个数，第一个信封上面的数是上90、下50、左60、右20，第二个上面是上50、下20、左40、右10，第三个上面是上80、下70、左30、右20，第四个上面是左80、右60、下50，上方没有数，却画了一个红色的圆圈。

接下来还有一行数，分别是20、31、42、53、64、75、86，在86后面还有一个红色的圆圈。

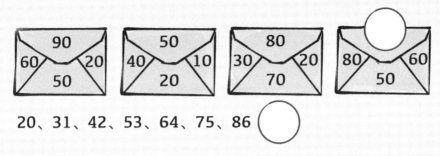

八戒很生气："你们到底还是不是没数帮，写张纸条也用这么多数！"

小胡子委屈地说："这是超罗要求的，我们的通信必须加密，这样即使警察看到，他们也推理不出来……"

八戒说："欺负人！说，这是什么意思？"其实八戒也能推理，但他懒得动脑筋，就让小胡子先说。

小胡子说："按老规矩，第一个红圈是哪条街或路，第二个红圈是门牌号。"

八戒说："第一个是什么数？"

小胡子支吾了半天，试探着说："是……40？"

"为什么？"

"第一格是90，第二格是50，它俩相减，差是40，第三格是80，如果第四格是40，它俩相减的差也是40。"

八戒觉得有理，却又感觉哪里不对劲。正迟疑中，唐僧在旁边说："只看每个格子最上面的数，其他的三个数就不考虑了？再说，规律是反复出现的，相减的差是40，只出现了一次，这算反复出现吗？"

恍然大悟的八戒，瞪起双眼，两手抓住小胡子的肩膀："你敢骗我？！"

"我错了，我错了！应该是70，是70号大街……"小胡子连忙摆手又摇头，他没想到唐僧会推理，又真的怕了八戒，就赶紧说出实话。

"为什么？"

"前三个格子里，上面的数减下面的数，左边的数减右边的数，两个差是一样的，这是反复出现的，是规律。"

"接着说！"

"第四个格子左边减右边，差是20，所以红圈

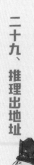

中的数是 70，70－50 的差也是 20。"

八戒觉得这答案应该是对的，就转过头看师父，见唐僧微微点头，口气就缓和了许多："好吧，那下面的红圈是什么意思？"

"是 97 号，因为前面的数……十位数都比个位数大 2，而且是逐渐增加的。"

八戒觉得对，却不敢确定，就又转过头看师父。

唐僧急了："还愣着干什么，赶紧上车！"

于是八戒又夹起小胡子，跳上三轮车，喊道："70 号大街 97 号，前进！"

三十、钉耙有神通

"突突突……"农用三轮车跑得很快，却有个缺点：会发出很大的噪声。可八戒坐在车上，并没有被噪声影响，他很开心，冲前面大喊："师父，我干得不错吧！"

唐僧也喊："怎么不错？"在这辆车上，所有人说话都得大声喊，要不然，别人就听不到。

"我猜到了他们会在超市出口捣乱！因为入口有很多警察把守！"

"好，推理很正确！可是粗心的毛病，你也得改改了！"

八戒脸红了，要不是师父开三轮车来助阵，小胡子肯定跑掉了。这时，他突然想起一件事，赶紧抓过小胡子，翻了一遍他的衣服，搜出一把钥匙和

一副墨镜。确定没有危险物品后，八戒才放下心来。

接着，八戒又冲唐僧喊："师父，这三轮车是谁的？"

"借的！"唐僧大喊，"我猜出了你们的计划，早就准备好了！"

八戒喊："你怎么知道的？"

"推理呀！你们要捉住超罗，对吧？"

"对呀，师父，你也太神了吧！"

"这有什么神的，道理很简单，解决问题必须彻底！想当年，你们降妖除怪，哪次不是捣毁了妖怪们的老巢才算完成任务？"

八戒很服气，师父简直是神机妙算，而且行动力超强！他特别想问师父：从原来弱不禁风的书生，到现在雷厉风行的壮汉，你都经历了什么？或者说：师父是怎样做的，才像换了个人一样？

可惜，八戒还没来得及问，三轮车已经到了目的地。超罗很狡猾，这70号大街97号，位于一百镇的边缘。如果有警察来，里面的人很容易就能逃出一百镇。

再看97号，这是一个小院，高高的青色院墙加上严严实实的红色大门，让院子外的人无法看到里面的情况，只能隐约看到院子里有一栋红色的二层小楼。

　　八戒趴在大门上听了一会儿，确定里面没有动静，就让唐僧看住小胡子，自己爬上墙头，跳进了院子。他站稳后，轻轻走到小楼前门，又趴在门上听了一会儿，里面还是没有动静。于是，八戒试着推门，门没锁。就这样，他走进了小楼！

　　一楼是个大厅，门对面的墙上挂了一幅人像，八戒不知道这人是谁。再看大厅中间，有一张大桌子，还有几把椅子，桌上有很多零件，胡乱堆在一起。八戒看到桌边有杯水，就顺便摸了一下杯子。这一摸，可把他吓了一跳：水杯还是热的呢！

　　这说明了什么？八戒很快推理出来：小楼刚才还有人！

　　可是，人在哪里呢？八戒继续推理：一楼没有人，

那就应该在二楼！

于是，八戒盯着楼梯，内心开始斗争：上去呢，还是不上去？上去有危险，自己赤手空拳，很可能被人来一闷棍，那就惨了。可是，不上去，肯定抓不住超罗，还得挨猴哥一顿骂。八戒犹豫了一会儿，最后决定，还是要上去。

没走两步，八戒好像听到上面有动静！出于本能的反应，他往腰间一摸，抽出九齿钉耙，心中暗想：要是钉耙能变大就好了！万万没想到，就在这时，九齿钉耙瞬间变大了，和八戒心中想的一样大！来到了数学世界，这钉耙还能读懂主人的心思呢。

九齿钉耙本是一件神器，和金箍棒一样，主人想让它变多大，它就能变多大。所以，八戒平时把钉耙放在腰间，用时再拿出来变大。可进入数学世界前，因为师父说这里不能运用神通，他就把钉耙变小了，放在腰间。进入数学世界后，只是偶尔拿出来玩玩而已。

八戒盯着钉耙，惊得张大了嘴，愣了好一会儿：这数学世界中，人没有神通，可武器还有！手中有了武器，八戒不再害怕，他大喊道："妖怪，哪里跑！"说着就举起九齿钉耙，勇敢地冲上二楼！

三十一、超罗的秘密

八戒举着钉耙一口气冲上二楼，可搜了一圈，却没发现人！

这时，楼下却传来嘎吱声！八戒赶紧跑到二楼前面的窗户去看，院子里什么都没有，他又跑到二楼后面的窗户看，发现从一楼驶出一辆跑车，正在向右拐弯，就要上马路了！

原来，一楼有个车库，车库的大门在小楼后面，也可以说，小楼有个后门，就是车库大门。在车库与一楼的大厅之间，还有一个小门，供人出入。可惜的是，八戒在大厅时，没注意到这个门！

的确，刚才有个人，就在一楼的大厅里，他见八戒进了院，就从小门溜进车库，躲了起来。等八戒上了二楼后，这人就打开车库大门，启动跑车，

准备逃命！

八戒气得哇哇叫，难道就这样让超罗跑了？好在八戒手里有钉耙，说话有底气，做事有霸气！只见他举起钉耙，把后窗捣得稀烂，接着就从后窗跳了出去！

八戒本想直接跳到跑车上，把它踩翻算了。却没想到，跑车更快，八戒只能落在地上。可八戒并不急，等他站稳后，冲着九齿钉耙大喊一声："大！"

九齿钉耙瞬间变大了。八戒挥起九齿钉耙，冲着前面的跑车，狠狠刨下去！只见九个巨大、闪亮的钢齿落下，犹如砍瓜切菜一样，咔嚓一声，扎进跑车的后半部，接着继续向下，深深扎进路面——这下可好，任凭跑车的轮子再转，发动机再叫唤，

也动不了一丝一毫！

接着，八戒松开钉耙，迅速向前跑去——他要把坏蛋堵在车里，亲手捉住他！可说时迟，那时快，从车里跳出一个人，这人穿着黑夹克衫，戴着黑帽子，下车后就向前猛跑，他动作灵活，跑得又快，不一会儿，就消失得无影无踪。

八戒只好停下脚步，收了钉耙，慢慢走回小楼。当他从车库的小门走进一楼大厅时，发现唐僧刚好从前门进来。原来，唐僧听见八戒砸窗户，就忍耐不住，把小胡子绑在农用三轮车上，也跳墙进来了。

八戒把刚才发生的事情跟唐僧讲了一遍。接着二人查看房间。唐僧指着墙上那幅画，说："怪不得超罗的逻辑推理很强，原来他在向欧几里得学习！"

八戒问："欧几里得……是谁呀？"

唐僧说："是古希腊数学家，被称为'几何之父'，他写了一本书，叫《几何原本》，逻辑极其严密，被广泛认为是历史上最成功的数学教科书之一。"

八戒说："管他是谁，我一耙子下去，都得留下 9 个洞！"

唐僧说："可不能乱说，欧几里得是好人，只是他的本事被坏人学到了！咱们抓紧时间找找，看超罗还有什么秘密！"

八戒看着桌子上的东西，心中很是得意：这些东西应该是做炸弹用的，说明这里就是制造炸弹的基地——目标已经完成了一半，很好啦！

唐僧却不罢休，他找到纸篓，仔细翻看每张纸片。终于，在一张烧剩下的纸片上，他发现了三行字：

本次行动

目标1：数数超市（80—46号）

目标2：等量银行（60—48号）

看到这里，唐僧大惊失色：原来超罗布置了两颗炸弹！虽然，昨晚收到的纸条上的确画了两个炸弹，但大家都以为这是超罗在吹牛呢！现在想想，破译出的四个数：8、0、4、6，结合地图，横着念是80号路46号，从下往上念是60号路48号——可是谁会这么念呢，谁又能想到这么念呢？这简直太离谱了！超罗出这样的题目，简直就是在耍无赖。但不管怎样，有了炸弹，就得去排除！

于是，唐僧站起身来，大喊道："八戒，咱们快去银行，还有一颗炸弹！"

三十二、在银行大厅

八戒一听也急了："银行？银行在哪里？"

唐僧说："60号路48号！快走！"

二人跑到院子门口时，唐僧却突然停下脚步，对八戒说："不对，如果他们把炸弹放好了，也应该回到这儿会合，所以你得留在这儿，有人来，就捉住他！"

八戒一想也对，可他又担心师父。

唐僧就问："你会开三轮车吗？"

八戒摇摇头，他在高老庄推过独轮车，却没开过三轮车，更没开过有发动机的三轮车。

唐僧就说："还是我去吧！我去叫上悟空和沙僧，他们应该回镇政府了。"

于是，八戒把小胡子押进院子，再关上院门，

假装一切正常。而唐僧则开着农用三轮车，"突突突"狂奔起来！到了镇政府，果然见到悟空和沙僧正站在大门口！原来，这二人找不到师父和八戒，见超市的危险也解除了，就回到了镇政府，可他们还是担心，只好站在大门口，等候新消息。

唐僧的车还没停稳，就大喊："快上车，还有一颗炸弹，在等量银行！"他的声音从来没有这么大过，都压过了三轮车的突突声。

悟空和沙僧一边一个跳上三轮车。唐僧一边开车，一边喊着告诉他们：找到了制造炸弹的基地，超罗跑了，小胡子还在，八戒的钉耙立了功，等等。

悟空听说八戒的钉耙管用，连忙拿出金箍棒。悟空在心里说："大！"

果然，金箍棒和悟空想的一样，变大了很多！哈哈哈！悟空得意地笑出了声：有了能任意变形的金箍棒，加上一身的力气，大圣我——可又回来了！

沙僧却苦着脸，他的心情不太好。因为在数学世界里，他一直拿着降妖宝杖，那东西重五千零四十八斤，简直累死人！其实宝杖也能变大变小，可他竟然没发现！

如果他能像八戒那样思考，想着"要是……就好了"，沙僧就能第一个发现。如果他像悟空那样思考，觉得"别人能做，我也能学着做"，沙僧也能第二个发现。怪只怪沙僧不敢想、不会想。

转眼间，三轮车就到了等量银行的门口。这家银行宽敞明亮，人们进进出出，很有秩序。看到这情景，三人暂时松了口气：还好，炸弹没爆炸！

他们从车上跳下来，跑向营业大厅。却没想到，在大厅门口，被几位保安拦住了："您好，请问三位来干什么？"保安们看上去挺客气，其实并不相信唐僧三人。也难怪，这三人都杀气腾腾的，还拿着兵器，谁都不会相信他们是来办理业务的，反而会觉得这是一帮劫匪。

唐僧连忙解释："我们是镇长请来帮忙的，今天有坏人在这里放了炸弹，赶紧放我们进去，咱们一起找到它！"

保安半信半疑，他们围住三人，一起走进大厅。大厅里有几十位客户，有的在柜台前办理业务，有的坐在等候席等待，秩序井然。可悟空进门后，就不管不顾、放开嗓子大喊："有炸弹，大家快跑哇！"

银行里顿时乱作一团，气氛变恐怖了。在尖利的喊叫声中，一些人冲出门去，一些人趴在地上，一些人躲在墙边。看到这情景，保安很生气：这还怎么营业呀？谁都没看见炸弹呢，这，这……这分

明是捣乱！于是，几名保安相互使了个眼色，就围住悟空，要制服他。

悟空毫不在意，只伸出胳膊轻轻一抡，冲上来的保安就全像筷子一样，齐刷刷地倒下了。接着，悟空纵身一跃，跳到服务台上。他睁大眼睛，左看右看，寻找大厅里可疑的物品。终于，悟空的眼睛一亮，发现了目标：在等候席的座椅上，有个黑色提包！

三十三、炸弹的克星

　　悟空看到提包后，只用了三两步，就跳到提包跟前，迅速打开提包。果然，提包里有个铁疙瘩，和超市的一模一样——还是定时炸弹！

　　如果说，发现炸弹是个好消息，那接下来，绝对是个坏消息：悟空看到计数器显示，再有8秒，炸弹就要爆炸了！

　　这么短的时间，做什么都来不及了。可是，就这样傻傻地等着炸弹爆炸，等一切都灰飞烟灭吗？

　　悟空绝不接受，他从来都不认命。只见他不声不响地拿起炸弹，就向空中扔去！

　　大家都很震惊：这是要干什么？唐僧和沙僧也在想：如果在这里爆炸，大厅里的所有人都性命难保，难道……他还有别的办法？

悟空扔出炸弹后，立刻对手里的金箍棒说："大！扁！"接着，他用同样的姿势，扔出金箍棒。金箍棒就跟着炸弹，向同一个地方飞去。

奇迹出现了：金箍棒在飞行时，竟然变形了，变成了一个又高又圆的大铁块！铁块有多大？一张圆桌那么大！铁块有多高？一把椅子那么高！

就这样，炸弹刚落到地面，金箍棒也落了下来。只听咣当一声，它结结实实地压在了炸弹上面。

这一连串的动作太迅速，大家来不及反应，都傻在那里，屏住呼吸，盯着金箍棒和炸弹。瞬间，大厅安静了，整个世界似乎都停止运转了……

砰的一声，炸弹爆炸了，声音很响。因为有金箍棒压着，别忘了，它有一万三千五百斤重！所以，金箍棒只震了震，摇晃几下，就停下不动了。

悟空成功了——他这一番操作，把炸弹变成了一个响屁，虽然声音大，却不能伤害任何人！

几分钟后，大家才回过神来。大厅里开始有稀稀落落的掌声，渐渐地，掌声越来越大，最后，所有人都围着悟空，一起为他鼓掌喝彩！因为悟空太勇敢、太机智了，还有，金箍棒太神奇了！

现在，悟空开心不已、得意扬扬！他进入数学世界后，一直在学习，还需要别人帮助，甚至还出了几个错，这让他很难受。现在终于能帮助别人了，不，岂止是帮助，更是救了几十人的命！悟空终于扬眉吐气了：威风的大圣就是我，如今又回来了！

唐僧和沙僧除了佩服悟空，还很惊讶。沙僧说："大师兄，你的金箍棒还能变扁？我以前怎么没见过？"

唐僧也说："悟空，这是你新想出来的吧？"

"是呀，我在三轮车上就想，金箍棒能变大，那是不是能变扁呢？因为在四体村，我就见过又短又粗的圆柱！"悟空说，"刚才我悄悄试了一下，金箍棒竟然变成了笔筒的样子！所以我才敢用它压炸弹，怎么样，这形状不错吧？"

沙僧说："噢！老天，它太棒了，简直就是炸弹克星！"

唐僧说："好，用数学知识解决问题，这才是活学活用！才是真正的齐天大圣！"

然而，悟空的好心情没维持多久，就开始难受了。他笑够了、说够了，想把金箍棒收回耳朵里。于是悟空走到金箍棒前，轻轻说道："小！"

怪事儿发生了：金箍棒一动不动。

悟空心想：可能是我声音小了。就大声说："小！细！"

三十三、炸弹的克星

金箍棒还是一动不动。

悟空急了，连喊了十几句："小！小！小！……"
金箍棒依然没有任何变化。

悟空要抓狂了，这可是他的宝贝！没有金箍棒的大圣，还能算是大圣吗？连美猴王都不能算，最多只能算个……石猴！要不是身边有人，他准大哭一场。

这时，一位老太太走到悟空身边。她有些驼背，满脸皱纹，看上去很普通，悟空却觉得面熟，好像在哪里见过。老太太笑着说："斗战胜佛，请到这边来，我和你说几句话。"

悟空心里一动：除了师父和师弟，这里谁都不知道他是斗战胜佛，这老太太怎么知道？难道她来自……仙界？

三十四、老朋友见面

老太太拉着悟空，走到没人的地方，轻声说："姓孙的，你认得我吗？"

悟空一激灵：这话好熟悉！是谁说过来着？

哦，想起来了！当年自己被压在五行山下，观音菩萨去看他，说的第一句就是这话！哈哈，这老太太是——观音菩萨！

悟空说："我怎么不认得你，你是那南海观世音菩萨。感谢你来看我！"这句话，也是当年悟空回观音的话。

二人会意地笑了：老朋友又见面了！悟空挺激动，可是他的宝贝坏了，心情太糟糕，所以即便笑，也是在苦笑。

观音知道悟空的心情："你别急，金箍棒是被炸

三十四、老朋友见面

弹炸坏了，但还是有办法把它修好的。"

"有什么办法？"都到了这个地步，悟空还是有一大堆问题，"我这宝贝打了无数次妖魔鬼怪，从来没有问题，怎么会被炸坏呢？真是奇怪了！难道这炸弹是三昧真弹吗？"悟空不懂炸弹的原理，但他知道有三昧真火，所以就根据经验，硬是编出一个"三昧真弹"来。

观音笑了："哪里有什么三昧真弹，就是这炸弹的威力太大！你先把金箍棒放在这里，银行有金库，很安全，然后去找太上老君，他会有办法的。"

悟空还是着急："太上老君？这老头儿都糊涂了，能有什么办法？难道要他把金箍棒放进炼丹炉里，再烧上一通？再说了，就凭他，怎么把金箍棒运回仙界？"

"才不是这样呢！"观音说，"告诉你吧，见了他，你就能跟他学转化神功，用这种神功，就能修好金箍棒了！"

"我现在就想修好它，谁会转化神功？我去请！"悟空眼睛一亮，他觉得自己的朋友多，肯定能找到一个。

观音又笑了："自己的金箍棒只能自己修！你想想，如果金箍棒以后听别人的，变大变小，你还愿意吗？”

啊！那绝对不行，金箍棒只能听我一个人的！看来只能靠自己了，不过好在还有希望，努力吧……想到这些，悟空闷声点点头。

观音说："见了太上老君，不要再叫老头儿了哟！你都成佛了，别那么没礼貌！"

悟空说："嘿，这个呀，俺老孙都知道，你放心吧！对了，你在这数学世界里做什么呢？"

观音说："我现在负责把人间的实际问题转变成数学问题。"

"这是个什么官职？"

"这哪里是官职，只是我接触的人多，知道的问题就多，就借这个机会，多帮帮人类罢了，正好，也能为数学世界做点儿贡献。"

"快说说，你是怎么做的？"悟空早就知道数学世界能帮助人，但不知道具体的办法。

"我只是其中的一个环节，好了，不说了，马上来人了，别告诉别人我的身份！"说完，观音菩萨扭头就走，那走路的速度根本不像个老太太。

悟空转过头，见银行外面来了五辆警车，从车上下来一群警察，还有镇长和警察局长70。他们进了营业厅，找到唐僧师徒，又握手又拥抱，镇长激

动地说："多亏了你们，要不然，不知道这次得有多少人遭殃呢！"

唐僧说："先别急着庆功，八戒还在敌人的老巢，咱们赶紧去帮他！"

于是，众人又开上各种车，急火火地驶向超罗的小院。只有悟空没去，他背起炸坏的金箍棒，小心翼翼地送到银行的金库里。放好后，悟空站在金箍棒旁，摸着金箍棒不说话，待了好久，才走出金库。

等悟空再回到营业厅，他才看到地面上有个被炸出来的大坑。看来，这炸弹的威力的确很大。看着这烟熏火燎般黑乎乎的大坑，悟空紧握双拳，自言自语道："超罗，我一定要抓住你，为金箍棒报仇！"

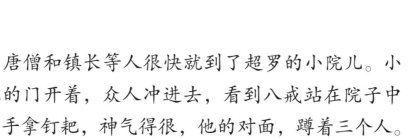

三十五、超罗的去向

　　唐僧和镇长等人很快就到了超罗的小院儿。小院儿的门开着，众人冲进去，看到八戒站在院子中央，手拿钉耙，神气得很，他的对面，蹲着三个人。这三人，一个戴眼镜，一个是光头，还有一个小胡子。三人都苦着脸，皱着眉，心情很差的样子。

　　八戒看见众人，很是兴奋："师父，你算得真准，又回来两个人，被我逮个正着！"

　　警察局长很高兴："太好了，我们尽快审问，捉住超罗！"

　　众人走进小楼，看到大厅的桌子上，摆了一大堆东西。经过鉴定，这些东西果真就是做炸弹用的，于是镇长又说了一番感谢的话。

　　唐僧摆摆手："这是我们应该做的，没什么！"

镇长说："你们立了大功！我们要开个表彰大会，给你们每人都发个大奖章！"

这时八戒走过来，递给警察局长一个袋子："这是我在房间里找到的，另外，这墨镜和钥匙，是在小胡子身上搜到的。"

局长从袋子里拿出一本书，书名是《几何原本》，皱了皱眉说："这个呀，我们都看不懂，要不然就送给你们吧？"

八戒摇摇头，他可没兴趣看书。

沙僧见状马上说："既然二师兄不要，那就给我吧！"说完就拿起书揣进兜里。沙僧平时无论做什么，都慢悠悠的，只有这次，动作像闪电一样，大家还没反应过来呢，他已将书收入囊中。

八戒觉得亏了，就吸吸鼻子，没话找话："哎，你们说，我戴上这个墨镜……应该更帅了吧？"

听了这话，大家都明白了：这是想要墨镜啊！

镇长正不知怎样奖励他们呢，就赶紧说："肯定帅极了，你就戴着它吧！"

于是，八戒美滋滋地戴上了墨镜，谁知戴上墨镜，他就像变了个人。左瞧瞧，右看看，不但上下打量人，还盯着人的肚子看。

唐僧觉得这样没礼貌，就拍了八戒一下："别显摆了，不就是个墨镜嘛！"

"不对呀,师父,这墨镜有神通！用它能看到……肚子里面,不信你看嘛！"八戒指指数学世界里的人,也就是数。

于是，唐僧也戴上墨镜，发现这东西果然有神通：戴着它，就能看到每个数的肚子里都有柱子和珠子！珠子是空心的，套在柱子上。不同的数，柱子和珠子的数量不一样。比如警察局长 70，肚子里有两根柱子，左边柱子上有 7 颗珠子，右边柱子上什么都没有。镇长 100 的肚子里，有三根柱子，最左边的柱子上有一颗珠子，另外两根柱子上，什么都没有。

唐僧心想:看来柱子表示的是数位。两根柱子的，左边的是十位，右边的是个位；三根柱子的，最左边的是百位，中间的是十位，最右边的是个位。

唐僧又盯着一人看，发现他的肚子里也有两根柱子，左边柱子上有 3 颗珠子，右边柱子上有 9 颗珠子，于是唐僧指着那人问警察局长："他是 39 吗？"

局长点点头，惊讶不已:"对呀！你怎么知道的？"

唐僧说："这个墨镜全都能看到！"说完，他把墨镜递给局长。

局长戴上墨镜，和八戒一样，也像变了个人，左瞧瞧，右看看，边看还边说："神了！神了！"

突然，唐僧的脸色又变了："糟了，要是没数帮每人都用这个墨镜，就能害更多人了！"

话音未落，悟空跑进屋里："师父，咱们快走吧！"他要捉住超罗报仇，并尽快见到太上老君，学习神功，修好金箍棒。

而唐僧也正担心没数帮会搞出更大的破坏，就说："好，那咱们赶紧走！"

去哪里呢？通过审问小胡子三人，他们得知：超罗去了九九市，这也正是他们要去的地方。于是，第二天清晨，师徒四人早早就上了路，赶往九九市。

他们能不能捉住超罗，并制止没数帮的破坏行为呢？请看下册。